Fachberichte
Messen · Steuern · Regeln

Herausgegeben von M. Syrbe und M. Thoma

8

Axel Korn

Bildverarbeitung durch das visuelle System

Springer-Verlag
Berlin Heidelberg New York 1982

Autor
Dr. Axel Korn
Gruppenleiter im Fraunhofer-Institut
für Informations- und Datenverarbeitung
Am Pfinztor 8
7500 Karlsruhe-Durlach

Mit 138 Abbildungen

CIP-Kurztitelaufnahme der Deutschen Bibliothek
Korn, Axel:
Bildverarbeitung durch das visuelle System / Axel Korn. –
Berlin ; Heidelberg ; New York : Springer, 1982.
(Fachberichte Messen, Steuern, Regeln ; 8)
NE: GT

ISBN-13:978-3-540-11837-4   e-ISBN-13:978-3-642-81902-5
DOI: 10.1007/978-3-642-81902-5

Vorwort

Bei dem Einsatz von optischen Sensorsystemen im industriellen Bereich läßt
sich in vielen Fällen die optische Eingangsinformation "maschinengerecht"
gestalten. Hier lassen sich passende ad hoc Lösungen finden ohne eine be-
sondere Kenntnis der Verarbeitungsstrategien eines biologischen visuellen
Systems. Wesentlich schwieriger und technisch weitgehend ungelöst ist das
Problem, das Bild einer natürlichen Szene automatisch in sinnvolle Bestand-
teile zu zerlegen.

Ein systematischer Weg, um zunächst die fundamentalen Verarbeitungsvor-
schriften eines visuellen Systems zu erfassen, besteht aus den folgenden
vier Schritten

● genaue Beschreibung des <u>Verarbeitungszieles</u> und der zur Verfügung
  stehenden Eingangsdaten,

● theoretisches <u>Konzept zur Berechnung</u> einer eindeutigen Zuordnung einer
  internen Szenendarstellung zum objektiv erfaßbaren Szeneninhalt,

● Entwurf und Anwendung <u>spezieller Rechenvorschriften</u> zur richtigen
  Interpretation der Eingangsdaten,

● Test, ob ein biologisches visuelles System diesen speziellen Algorithmus verwendet.

Bei dieser Vorgehensweise liegt der Schwerpunkt der Forschung auf dem Gebiet der mathematischen Modellbildung und Rechnersimulation.

Daß über den heutigen technischen Stand hinaus die Lösung einer Vielzahl
von Erkennungsaufgaben auch in sehr komplex strukturierten Szenen möglich
ist, beweisen die Leistungen unseres eigenen Sehsystems, welche in diesem
Sinne eine Herausforderung an den Techniker darstellen. In diesem System
wurden im Laufe der Evolution Prinzipien verwirklicht, mit deren Hilfe das
außerordentlich variable Erscheinungsbild unserer Umwelt richtig interpretiert und zur Programmierung motorischer Aktivitäten herangezogen werden kann.

Eine genaue Kenntnis von Ergebnissen auf dem Gebiet der <u>Wahrnehmungspsycho-
logie</u> sowie der <u>Neurophysiologie</u> und <u>Anatomie des Sehsystems</u> wird bei jeder
Modellbildung unseres Sehsystems eine wertvolle Hilfe sein. Die Zuordnung
einzelner Rechenschritte zu experimentell bestimmten Strukturen und Funktionen
unseres Sehsystems wäre wünschenswert, wird sich in vielen Fällen aber als
sehr schwierig herausstellen und wird deshalb hier nicht als Kriterium für
die Güte eines Modells herangezogen. Der Nutzen von Ergebnissen und Methoden
auf den oben genannten Gebieten für die mathematisch-technischen Lösungen
sollte eher in der Schaffung eines günstigen Ideenklimas gesehen werden und
in der Möglichkeit des Vergleichs der Leistungsfähigkeit biologischer und
technischer Systeme bei der Interpretation optisch dargebotener Information.
Langfristig bestehen sicher gute Aussichten auf wesentliche Verbesserungen
von Methoden zur automatischen Analyse natürlicher Szenen durch eine enge
interdisziplinäre Zusammenarbeit auf Teilgebieten der Medizin, Psychologie
und Informatik.

Ziel dieses Buches ist es, an Hand von konkreten Beispielen die bisherigen
Fortschritte bei der quantitativen Beschreibung des Sehvorgangs zu erläutern

und Lösungsvorschläge für weiterführende Arbeiten vorzustellen.

Aus dem Thema "Bildverarbeitung durch das visuelle System" geht hervor, daß die Informationsverarbeitung in biologischen Systemen im Vordergrund steht. Zur Beurteilung der Tragfähigkeit der vorgeschlagenen Rechenverfahren benötigt man jedoch umfangreiche technische Hilfsmittel, so daß die Bildverarbeitung durch technische Systeme ebenfalls berücksichtigt werden muß. Genau genommen wurden die Fortschritte beim Verstehen des Sehsystems seit Anfang der 70-er Jahre nur durch die schnelle technische Entwicklung auf dem Gebiet der Datenverarbeitung ermöglicht. Diese relativ kurze Zeit reichte natürlich nicht aus zur Entwicklung einer geschlossenen Theorie der visuellen Informationsverarbeitung. Eine solche Theorie gibt es übrigens auch nicht für die technische Bildverarbeitung. Erfolge und vor allem Mißerfolge beim Einsatz technischer Bildverarbeitungssysteme haben jedoch den Lernprozeß auch beim Verstehen unseres Sehsystems beschleunigt, so daß heute zumindest die Umrisse einer zukünftigen Theorie der visuellen Informationsverarbeitung erkennbar sind.

Ein wesentlicher Gesichtspunkt bei der Gliederung des Buches ist die zeitliche und örtliche Reihenfolge, in welcher die verschiedenen Stufen des Sehsystems das Bild einer Szene analysieren. Innerhalb der einzelnen Kapitel werden jeweils die notwendigen psychophysischen, physiologischen und anatomischen Kenntnisse vermittelt, die mathematischen Hilfsmittel für die Modellbildung beschrieben, Ergebnisse von Modellsimulationen dargestellt und schließlich soweit wie möglich Vergleiche mit dem technischen Stand angestellt und technische Anwendungen diskutiert.

Nach einer Einführung mit einem kurzen historischen Überblick über die Sehforschung und einer Schilderung der Problematik der visuellen Orientierung in einer nicht-stationären Umwelt steht im 1. Kapitel die Physik der Bildentstehung im Vordergrund. Die beiden folgenden Kapitel behandeln die Filtereigenschaften der Netzhaut des Auges und die Strategie der Abtastung einer Szenen durch Augenbewegungen. In Kapitel 4 wird gezeigt, wie nach der retinalen Verarbeitung höhere Gehirzentren die Bildinformation auf relevante Merkmale oder Symbole reduzieren. Gegenstand des nächsten Kapitels ist die Strukturierung einer solchen symbolischen Darstellung und die Trennung bestimmter Bereiche von ihrer Umgebung aufgrund einer besonderen Merkmalorganisation ("Figur-Hintergrund-Trennung"). Während in vielen Fällen eine solche Trennung ohne Vorwissen über die Art des abgebildeten Objektes erreicht werden kann, ist für das eigentliche Erkennen ein Vergleich mit gelernten Objekten notwendig. Auf dieses sicher am schwersten zu lösende Erkennungsproblem wird hier nicht eingegangen.

Die Zusammenstellung des in diesem Buch behandelten Stoffes erfolgte im Rahmen einer Vorlesung an der Universität Karlsruhe zu demselben Thema. Herrn Prof. Dr. H. Bodmann und Herrn Dr. A. Schief danke ich herzlich für viele wertvolle Anregungen und Diskussionen. Herrn Prof. Dr. M. Syrbe danke ich für seine Bereitschaft zur Veröffentlichung dieser Zusammenstellung in der Fachberichtsreihe Messen · Steuern · Regeln. Mein besonderer Dank gilt Frau Schöll für die sorgfältige Gestaltung des Manuskripts.

Karlsruhe, September 1981   A. Korn

Inhaltsverzeichnis

Empfehlenswerte Lehrbücher und Fachzeitschriften

Den besten Überblick über heutige Modellvorstellungen zur Funktionsweise
des Sehsystems gibt das Buch

> "Seeing, Illusion, Brain and Mind"
> von John P. Frisby, Oxford University Press, Oxford (1979).

Für dieses Buch sowie für das sehr gute, jedoch nicht mehr ganz so
aktuelle Buch

> "Auge und Gehirn"
> von Richard L. Gregory, Fächer Taschenbuch Verlag,
> Frankfurt am Main (1972),

sind keine speziellen Vorkenntnisse erforderlich.

Mehr Detailkenntnisse vermitteln die Darstellungen hervorragender
Physiologen und Psychologen zu ihren Fachgebieten, die in der Zeit-
schrift "Scientific American" veröffentlicht wurden. Diese Artikel sind
in den folgenden beiden Büchern zusammengestellt

> "Recent Progress in Perception"
> mit Kommentaren von Richard Held und Whitman Richards,
> W.H. Freeman and Company, San Francisco (1976),

> "Gehirn und Nervensystem",
> Spektrum-der-Wissenschaft-Verlagsgesellschaft, Weinheim (1980).

Zur Vertiefung der systemtheoretischen Aspekte der Vorlesung wird das
folgende Buch empfohlen

> "Informationstheorie in der Optik"
> von Rainer Röhler, Wissenschaftliche Verlagsgesellschaft mbH,
> Stuttgart (1967).

Sehr gute Lehrbücher der <u>Bildverarbeitung</u> in technischen Systemen sind

<u>"Digital Picture Processing"</u>
von A. Rosenfeld und A. Kak,
Academic Press, New York (1976),

<u>"Digital Image Processing"</u>
von R.C. Gonzales und P. Wintz,
Addison-Wesley Publishing Company, London (1977) und

<u>"Erfassung und maschinelle Verarbeitung von Bilddaten"</u>,
herausgegeben von H. Kazmierczak, Springer-Verlag, Wien (1980).

<u>Wichtige Zeitschriften</u> sind

Vision Research
Biological Cybernetics
Perception & Psychophysics
Computer Graphics and Image Processing.

Im übrigen wird nach den einzelnen Kapiteln die verwendete Fach-
literatur zitiert.

1. Einführung:
Sehen ist der aktive Aufbau einer symbolischen Beschreibung der Umwelt.

Vision is the construction of
efficient symbolic descriptions
from images of the world.

David Marr (1944-1980)

Nach Erklärungen, wie unser Sehsystem funktioniert, wird zumindest seit
den Zeiten der Naturphilosophen des griechischen Altertums gesucht. Während <u>Demokrit</u> (470-380) annahm, daß die Seheindrücke durch kleine Körperchen in das Auge gelangen, erklärt <u>Plato</u> (428-348) das Sehen durch
korpuskulare Sehstrahlen, die von den Augen auf die Objekte geworfen werden und nicht durch einfallendes Licht. Noch Leonardo da Vinci war, wenn
auch mit Einschränkungen, ein Anhänger dieser Vorstellung /1/. Bei großzügiger Auslegung dieser Theorie lassen sich jedoch schon Hinweise auf
die aktive Beteiligung unseres Sehsystems beim Erkennungsvorgang entnehmen.

Das bewußte Wahrnehmen der Außenwelt führte <u>Descartes</u> (1596-1650) auf
eine von der Materie verschiedene Substanz zurück. Gemäß dieser philosophischen Richtung des Dualismus läßt sich die Aktivität von Gehirnzellen
nicht einfach dem bewußten Seheindruck zuordnen.

Obgleich das Sehen die Grundlage bildet bei fast allen unseren Erfahrungen, wird der Sehprozeß erst seit etwa hundert Jahren systematisch experimentell untersucht. Das Interesse richtete sich vor allem auf die optische Abbildung im Auge. <u>H. von Helmholtz</u> (1821-1894) ist der Vater
der Modellvorstellung vom Auge als photographische Kamera, die bis weit
ins 20. Jahrhundert hinein weit verbreitet war. Sein "Handbuch der physiologischen Optik" zählt auch heute noch zu den Standardwerken. Helmholtz definiert die physiologische Optik als "die Lehre von den Wahrnehmungen durch den Gesichtssinn".

Daß jedoch die nicht-kameraähnlichen Besonderheiten der Wahrnehmung am
Interessantesten sind, wurde von den Gestaltpsychologen betont. So inter-

pretiert z.B. <u>K. Koffka</u> (1886-1941) die Wahrnehmung als eine Modifikation von elektrischen Feldern im Gehirn, wobei diese Felder die Form der wahrgenommenen Objekte kopieren sollen. Den Beweis für solche Hirnfelder blieb er jedoch schuldig. Die Gestaltpsychologen lieferten jedoch einen wichtigen Beitrag zur Sehforschung durch die Gruppierungsregeln der Gestalttheorie. Danach besteht eine Tendenz des Wahrnehmungssystems, Dinge in einfache Einheiten zu gruppieren.

Ganz neue Impulse bekam die Sehforschung durch die Messung der Aktivität von Nervenzellen im Gehirn und in der Retina. In den 60-er Jahren konnten von <u>David Hubel</u> und <u>Torsten Wiesel</u> die Anordnung und Funktion von einzelnen Zellgruppen nachgewiesen werden, die ausschließlich auf bestimmte Reizmerkmale wie z.B. die Orientierung oder Länge eines Lichtbalkens reagieren.

Etwa gleichzeitig mit dem Durchbruch auf dem Gebiet der Neurophysiologie wurde durch die Anwendung systemtheoretischer Methoden auf neuronale Netzwerke das Verstehen vieler neuronaler Filteroperationen erleichtert. Hier war der entscheidende Schritt neben den bisher üblichen Zeitvorgängen auch ortsabhängige Vorgänge systemtheoretisch zu beschreiben.

In den 70-er Jahren erkannte man deutlich die Grenzen der systemtheoretischen Vorgehensweise. Man ging davon aus, daß wesentliche Prozesse im Sehsystem durch aktives <u>Konstruieren</u> immer komplexerer symbolischer Darstellungen der Sehobjekte zustande kommen. Zum Verstehen zumindest der ersten Stufen bis zur Figur-Hintergrund-Trennung wurde von <u>D. Marr</u> ein vielversprechender Weg gezeigt, der auch innerhalb dieser Vorlesung verfolgt wird.

Neben dieser "mechanistischen" Betrachtungsweise von D. Marr soll die psychologische Forschung auch erwähnt werden. Das ist in diesem Zusammen-

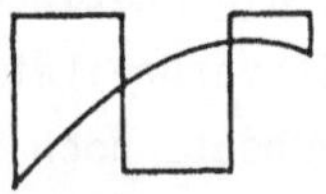

<u>Abb. 1.1:</u>
Ein Gesetz der Gestalttheorie: Gute Fortsetzung. Man sieht einen rechteckförmigen Linienzug geschnitten von einer glatten Kurve und nicht drei geschlossene Gebiete.

hang die <u>Wahrnehmungsforschung</u>, deren bedeutendster Vertreter im 19. Jahrhundert Gustav Theodor <u>Fechner</u> (1801-1887) war. Hier geht man davon aus, daß die physikalisch beschreibbaren Umweltereignisse (Eingangsreize) wie z.B. elektromagnetische Strahlung oder periodische Luftschwingungen durch die Sinnessysteme zu Erlebnisqualitäten wie Helle, Farben, Töne usw. verarbeitet werden. Diese sind wiederum Eingangsmaterial für die weitere Verarbeitung wie Lernen, Denken, Wollen usw.

Fechner nimmt drei Bereiche an, zwischen welchen funktionelle Beziehungen bestehen sollen:

    I.   der physikalisch Physische ... (Reiz)
   II. der physiologisch Physische ... (Erregung)
  III. der Psychische   ... (Erleben bzw. Empfindung).

Das wichtigste Merkmal von Wahrnehmungen ist sicherlich ihr objektivierter Charakter, der durch die verschiedenen Organisationsleistungen in der Wahrnehmung wie <u>Konstanzen</u> (z.B. Größenkonstanz), <u>Invarianzeigenschaften</u> (z.B. Translationsinvarianz bei der Objekterkennung) und ihre funktionelle Verankerung in dem Handlungsablauf zum Ausdruck kommt /1.2/

Diese eben genannten Eigenschaften sind von besonderem technischem Interesse, da wechselnde Beleuchtungsverhältnisse sowie Translations-, Rotations- und Dilatationsbewegungen das Problem der automatischen Objekterkennung wesentlich erschweren. Durch Eigenbewegungen ändern sich für den Menschen fortwährend die Ansichten von Gegenständen seiner Umwelt. Er lernt offensichtlich erfolgsgekoppelt invariante Merkmale zu extrahieren für eine eindeutige Erkennung. Darüber hinaus ermöglichen die dynamischen Eigenschaften seiner Sinnesorgane eine Anpassung (Adaptation) an die sich ändernden Reizbedingungen wie z.B. Beleuchtungsstärken oder spektrale Zusammensetzung des Lichtes. Auf diesen Punkt wird in Kapitel 3 ausführlich eingegangen.

Literatur zu Kapitel 1

/1.1/ H. Schober und I. Rentschler: Optische Täuschungen in
     Wissenschaft und Kunst, Heinz Moos Verlag, München (1972).

/1.2/ A. Hajos: Wahrnehmungspsychologie, W. Kohlhammer,
     Stuttgart (1972).

2. Das Bild auf der Retina des Auges

2.1 Die Außenwelt

Als Außenwelt bezeichnen wir im folgenden alle Objekte, die auf die Netzhaut abgebildet werden und dadurch für unseren Gesichtssinn wahrnehmbar sind.

Problem: Welche Aussagen bezüglich der Struktur der Außenwelt sind allein aufgrund der 2-dimensionalen Verteilung der Beleuchtungsstärke auf der Netzhaut möglich?
Unter Struktur verstehen wir im einzelnen

- Reflexionseigenschaften
- Orientierung von Objektoberflächen
- Beleuchtung
- Abstand zum Beobachter.

Die Strichzeichnungen in Abb.2.1a-e sollen einige dieser Größen veranschaulichen.

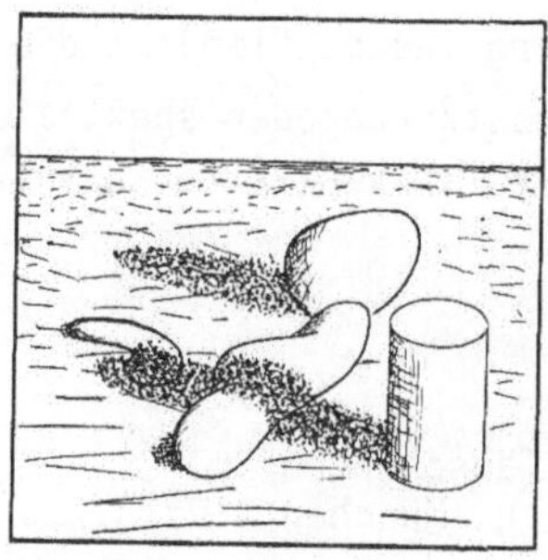

(a.) Originalszene

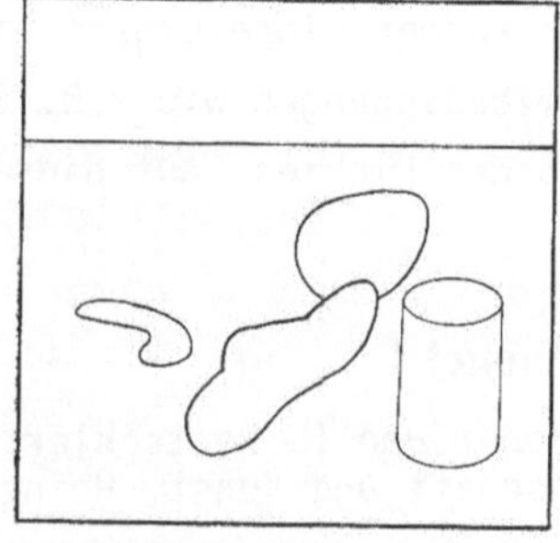

(b) Reflexionsgrad

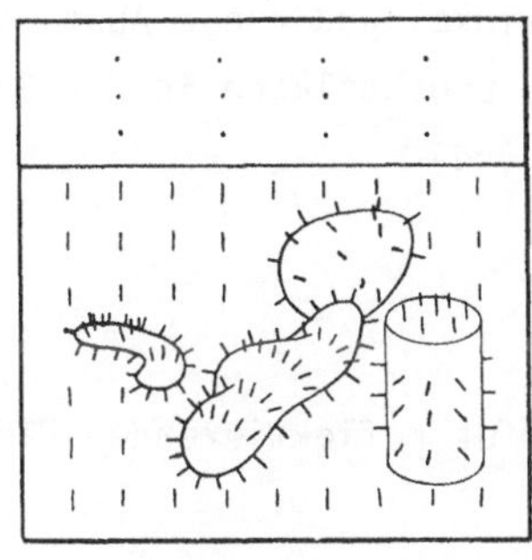

(c) Flächennormalen

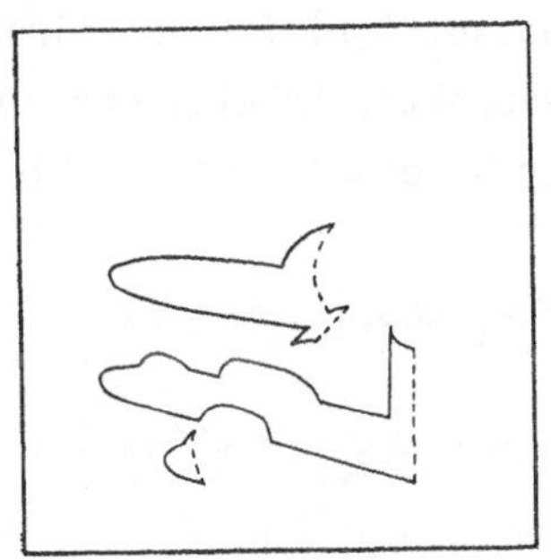

(d) Beleuchtungsanteil

Abb. 2.1: Veranschaulichung von Szenenstrukturen, die aus der (vereinfachten) Intensitätsverteilung (a) ableitbar sind /2.1/. Die
gestrichelten Linien unterscheiden sich von den durchgezoge-
nen durch den Helligkeitsverlauf in der Originalszene.

Reflexionseigenschaften:

Problem: dA_1 sei eine ideal diffus reflektierende Fläche, wie groß ist
die Beleuchtungsstärke der Fläche dA_2?

Wir gehen aus von der geometrischen Anordnung in Abb. 2.2

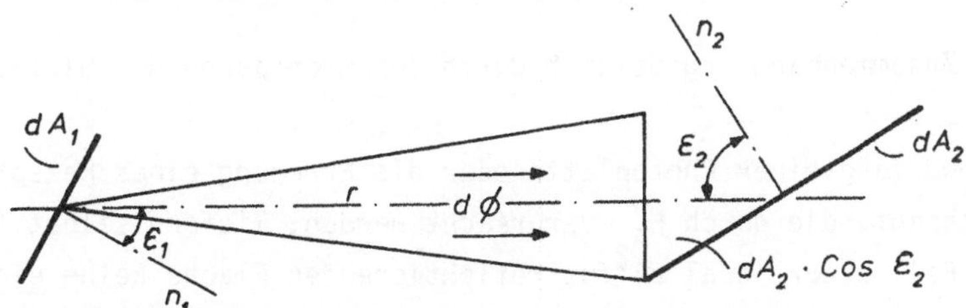

Abb. 2.2: Lichtstrom $d\phi$ einer kleinen Leuchtfläche dA_1 mit konstanter
Leuchtdichte L in allen Richtungen. dA_2 ist das Flächenele-
ment einer Empfängerfläche. n_1 und n_2 sind die jeweiligen
Flächennormalen (aus /2.2/).

Von dA_1 aus gesehen ist die Größe von dA_2 gleich $dA_2 \cdot \cos\varepsilon_2$ und der
entsprechende Raumwinkel

$$d\Omega = \frac{dA_2 \cdot \cos\varepsilon_2}{r^2}\ \Omega_0 \qquad\qquad (2.1)$$

Ω_0 = 1 Steradiant (sr) ist der Einheitsraumwinkel und r der Abstand der Flächenmittelpunkte. In Richtung r wirkt die Leuchtfläche in der Größe $dA_1 \cdot \cos\varepsilon_1$. Entsprechend ist die Lichtstärke (cd)

$$I = L \cdot dA_1 \cdot \cos\varepsilon_1 \ . \tag{2.2}$$

Für die Leuchtdichte $(cd \cdot m^{-2})$ einer ideal diffus reflektierenden Fläche gilt

$$L = L_{diff} = \frac{E \cdot \rho}{\pi} \frac{1}{\Omega_0} \tag{2.3}$$

ρ = Reflexionsgrad

E = Beleuchtungsstärke (lx) .

In den Raumwinkel gelangt der Lichtstrom (lm)

$$d\phi = I \cdot d\Omega \tag{2.4}$$

Die Beleuchtungsstärke der Fläche dA_2 ist

$$E_{A_2} = \frac{d\phi}{dA_2} = \frac{E \cdot \rho \cdot dA_1 \cdot \cos\varepsilon_1 \cdot \cos\varepsilon_2}{\pi r^2} \ . \tag{2.5}$$

Dieser Zusammenhang ergibt sich durch Zusammenfassen der Gl.(2.1)-(2.4).

Die Schwärzung einer Photoplatte oder die Erregung eines Rezeptors in der Netzhaut, die durch E_{A_2} verursacht werden, liefern selbst für den einfachen Fall einer ideal diffus reflektierenden Fläche keine eindeutige Information über die in Gl.(2.5) enthaltenen Variablen. Durch eine lokale Messung der Intensität oder des Grauwertes läßt sich nur das Produkt der zu Anfang erwähnten Strukturparameter Reflexionsgrad, Orientierung und Beleuchtung erfassen.

Im allgemeinen hängt der Reflexionsgrad von drei Winkeln ab, die in Abb. 2.3 eingezeichnet sind.

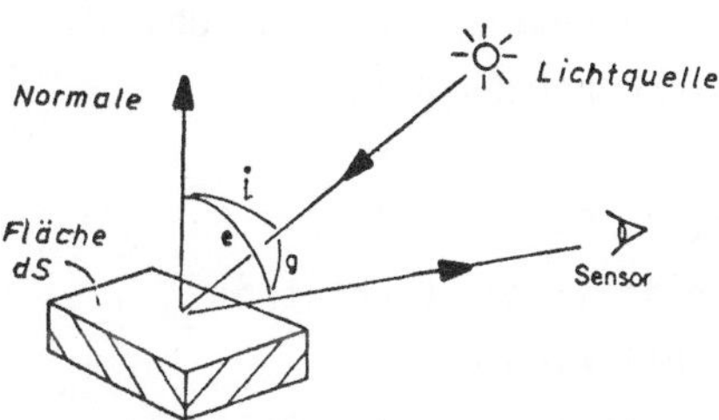

Abb. 2.3: Definition der Winkel i, e und g (aus /2.3/).

i ist der Winkel zwischen der Flächennormalen und dem einfallenden Strahl.

e ist der Winkel zwischen der Flächennormalen und dem emittierten Strahl
und

g ist der Winkel zwischen dem einfallenden und dem emittierten Strahl.

Die allgemeine Beziehung zwischen dem einfallenden und reflektierten
Lichtstrom stellt sich in dem folgenden Koordinatensystem (Abb. 2.3) besonders einfach dar.

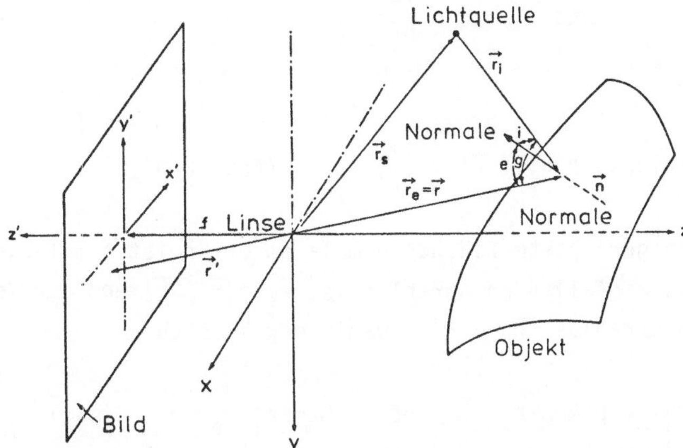

Abb. 2.4: Geometrie der Bildbeleuchtung und Projektion (aus /2.3/).

Hier bildet die x-y-Ebene die (einzige) Hauptebene, die z-Achse fällt
mit der optischen Achse zusammen, f ist der Abstand der Bildebene von der
Ausgangspupille und die Brechungsindizes sind im Objekt- und Bildraum
gleich.

Der Ortsvektor $\overline{r}=(x,y,z)$ bezeichnet einen Objektpunkt und der Ortsvektor $\overline{r}'=(x',y',f)$ den entsprechenden Bildpunkt.

Es sei $I = \cos(i)$, $E = \cos(e)$, $G = \cos(g)$
$\phi_e(x,y,z)$ der einfallende Lichtstrom
$\rho(I,E,G)$ der Reflexionsgrad
$\phi_b(x',y')$ der Lichtstrom in der Bildebene.

Dann gilt

$$\phi_e(\overline{r})\rho(I,E,G) = \phi_b(\overline{r}') \quad .$$

Diese Gleichung ist eine partielle Differentialgleichung 1. Ordnung mit den unabhängigen Variablen x und y. Sie läßt sich in der Form

$$F(x,y,z,p,q) = \phi_e(\overline{r})\rho(I,E,G)-\phi_b(\overline{r}') = 0 \qquad\qquad (2.6)$$

schreiben mit

$$p = \frac{\delta z}{\delta x} \qquad \text{und} \qquad q = \frac{\delta z}{\delta y} \quad .$$

<u>Beweis:</u>

Nach dem Strahlensatz gilt $\overline{r}' = (\frac{f}{z}) \cdot \overline{r}$ (Abb. 2.3).

Die nach innen gerichtete Flächennormale am Ort $\overline{r}$ ist $\overline{n} = (-p,-q,1)$. Der Vektor des einfallenden Strahles ist $\overline{r}_i = \overline{r} - \overline{r}_s$ und der Vektor des reflektierten Strahles $-\overline{r}_e = -\overline{r}$. Damit ergibt sich

$$I = \hat{n}\cdot\hat{r}_i \;, \quad E = \hat{n}\cdot\hat{r}_e \qquad \text{und} \qquad G = \hat{r}_i\cdot\hat{r}_e \quad \bullet$$

wobei mit $\hat{}$ Einheitsvektoren gekennzeichnet werden.
Alle Terme enthalten nur x,y,z,p und q, woraus die Darstellung in GL.(2.6) folgt.

Um die Gl.(2.6) zu lösen, muß der Reflexionsgrad als Funktion der drei Winkel bekannt sein sowie die geometrische Anordnung von Lichtquelle, Objekt und Empfänger. Zusätzlich erfordert die Lösung einer solchen Diffe-

rentialgleichung die Angabe von Randbedingungen, d.h. auf einem Linienzug auf dem Objekt muß die Lösung vorgegebene Werte annehmen. Die Lösung
$z(x,y)$ stellt die das Objekt begrenzende Oberfläche dar. Für spezielle
Fälle sind Lösungen in /2.3/ angegeben.

Die Antwort auf die am Anfang dieses Abschnitts gestellte Frage lautet
also:

> Die Berechnung der Orientierung von Objektoberflächen aus Messungen
> des Intensitätsverlaufs im 2-dimensionalen Objektbild ist prinzi-
> piell möglich bei bekannter Beleuchtungs- und Reflexionsfunktion.

Der Abstand eines Objektes zum Beobachter läßt sich aus _einer_ 2-dimensio-
nalen Projektion nicht berechnen, wie im nächsten Abschnitt gezeigt wird.
Jedoch kann der Mensch auch beim monokularen Betrachten einer stationären Szene Tiefeninformation extrahieren aufgrund seines Vorwissens über
perspektivische Verzerrungen bei der Projektion von 3-dimensionalen Objekten.

2.2 Bildentstehung

Die Abbildung von Objekten der Außenwelt auf die Netzhaut durch die Augen-
linse erfolgt ganz analog zu einer _Kameraabbildung_. Wir können also im
folgenden auf die Methoden zurückgreifen, die zur Ableitung der Abbildungsgleichungen einer Kamera entwickelt wurden /2.4/.

Ein Punkt im Objektraum wird durch die Koordinaten (x,y,z) beschrieben
und der entsprechende Bildpunkt in der Bildebene einer Kamera durch (u,v).
Der besseren Übersicht wegen wird die Bildebene am Linsenzentrum gespiegelt, was zu denselben Abbildungsgleichungen führt bei einer vereinfachten mathematischen Ableitung. Statt von Abb. 2.5a gehen wir von Abb. 2.5b
aus.

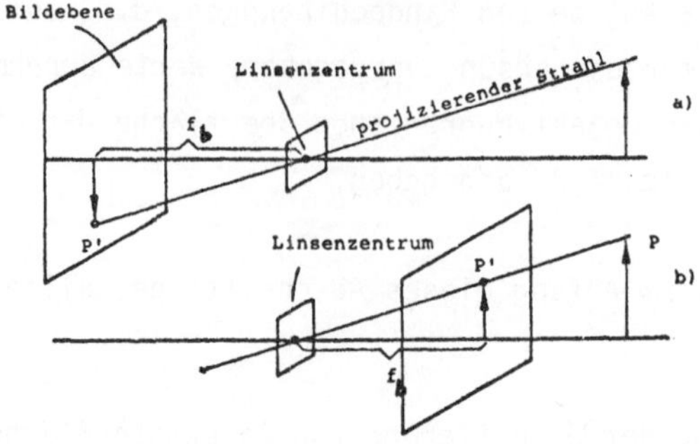

<u>Abb. 2.5:</u>   Kameramodell (aus /2.4/).

Ebenfalls sollten die Koordinatensysteme problemangepaßt gewählt werden,
um die Abbildungsgleichungen möglichst einfach zu gestalten.

Durch eine <u>Translation</u> (x_T, y_T, z_T) wird der Koordinatenursprung auf die
optische Achse im Abstand f_b vor das Linsenzentrum gelegt (Abb. 2.6). Man
erhält ein neues Koordinatensystem:

  das <u>Translationskoordinatensystem TKS(x', y', z')</u>.

Das TKS wird anschließend um die z'- und y'-Achse so gedreht, daß seine
x'-Achse mit der optischen Kameraachse zusammenfällt. Damit ist das
    <u>Zwischenkoordinatensystem ZKS(u, v, w)</u>
gefunden, dessen Koordinaten u, v die Bildebene der Kamera aufspannen.

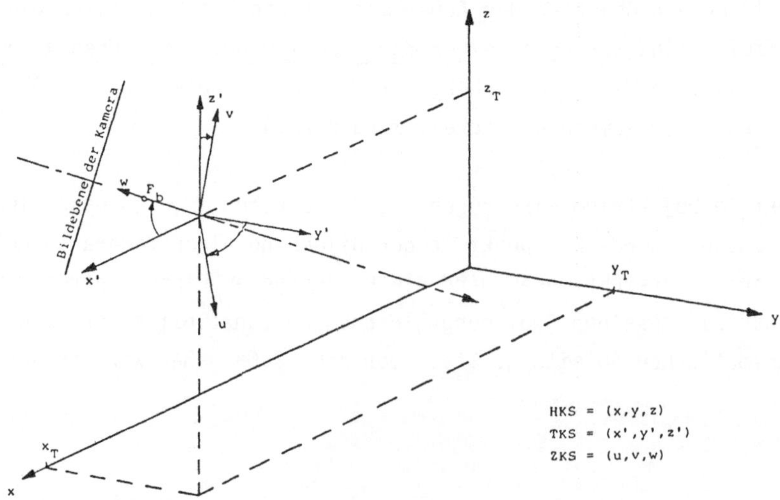

<u>Abb. 2.6:</u> Lage der verschiedenen Koordinatensysteme (aus /2.4/).

Die Zentralprojektion des Raumpunktes $P(u_1,v_1w_1)$ in die Bildebene u,v des
ZKS, die im Abstand f_b vom Linsenzentrum F_b aufgespannt wird, zeigt Abb.2.7.

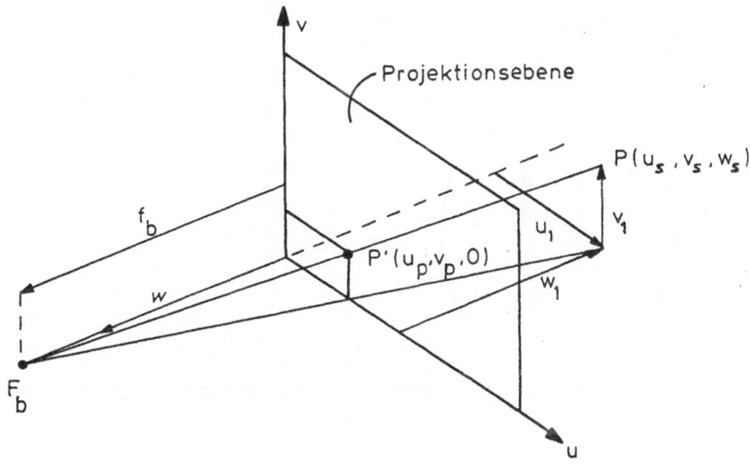

Abb. 2.7: Zentralprojektion des Punktes P nach P'.

Die Transformation der Koordinaten (u_s,v_s,w_s) in die Koordinaten
(u_p,v_p,w_p) ist nichtlinear (Strahlensatz!).

Eine geschlossene Darstellung aller Transformationsschritte mit dem Matri-
zenkalkül ist bei nichtlinearen Transformationen nicht möglich.

Einen Ausweg bietet die Einführung homogener Koordinaten (/2.5/):

$$\bar{r}_K = (x,y,z) \quad \rightarrow \quad \bar{r}_H = (px,py,pz,p)$$

$$\text{kartesisch} \qquad\qquad \text{homogen} \qquad .$$

Umgekehrt ergeben sich kartesische aus homogenen Koordinaten nach einer
Division durch p

$$\bar{r}_H = (px,py,pz,p) \quad = \quad (x,y,z,1) \quad \rightarrow \quad (x,y,z)$$

$$\text{homogen} \qquad\qquad\qquad \text{kartesisch} \qquad .$$

Homogene Koordinaten dienen lediglich als Hilfsmittel. Sie haben keine
physikalische Bedeutung. Die willkürliche Konstante p hat keinen Einfluß
auf die Form der eigentlichen Transformation und wird daher gleichs Eins
gesetzt.

Die Translation des ursprünglichen Koordinatensystems (Laborsystem)
x,y,z in das TKS lautet in homogenen Koordinaten

$$[x',y',z',1] = [x,y,z,1] \cdot \underline{R}_T$$

mit

$$\underline{R}_T = \begin{pmatrix} 1 & 0 & 0 & 0 \\ 0 & 1 & 0 & 0 \\ 0 & 0 & 1 & 0 \\ -x_T & -y_T & -z_T & 1 \end{pmatrix} .$$

Der Übergang vom TKS zum ZKS erfolgt durch Rotation des TKS um die
z'-Achse mit dem Winkel $-\delta$ und anschließend um die y'-Achse mit dem Winkel η (Abb. 2.6).

In homogenen Koordinaten lautet diese Transformation in das gedrehte
System (u_R, v_R, w_R) /2.6/

$$(u_R, v_R, w_R, 1) = (x', y', z', 1) \cdot \underline{R}_R$$

mit

$$\underline{R}_R = \begin{pmatrix} A & B & C & 0 \\ D & E & F & 0 \\ G & H & I & 0 \\ 0 & 0 & 0 & 1 \end{pmatrix} ,$$

wobei gilt

$$
\begin{aligned}
A &= \cos\eta \cdot \cos\delta & \qquad F &= \sin\delta \cdot \sin\eta \\
B &= \sin\delta & \qquad G &= \sin\eta \\
C &= \cos\delta \cdot \sin\eta & \qquad H &= 0 \\
D &= \cos\eta \cdot \sin\delta & \qquad I &= \cos\eta \quad . \\
E &= \cos\delta
\end{aligned}
$$

Der Abbildungsmaßstab der Kamera wirkt sich als gleichmäßige Skalierung

mit dem Skalierungsfaktor S aus. Diese Transformation lautet in kartesischen Koordinaten

$$u_S = S \cdot u_R$$
$$v_S = S \cdot v_R$$
$$w_S = S \cdot w_R$$

und in homogenen Koordinaten

$$(u_S, v_S, w_S, 1) = (u_R, v_R, w_R, 1) \cdot \underline{R}_S$$

mit

$$\underline{R}_S \begin{pmatrix} S & 0 & 0 & 0 \\ 0 & S & 0 & 0 \\ 0 & 0 & S & 0 \\ 0 & 0 & 0 & S \end{pmatrix} .$$

Die Gleichungen für die Zentralprojektion des Punktes (u_S, v_S, w_S) in die
Bildebene u,v lauten in kartesischen Koordinaten (Abb. 2.7)

$$u_p = \frac{f_b \cdot u_S}{f_b - w_S}$$

$$v_p = \frac{f_b \cdot v_S}{f_b - w_S}$$

$$w_p = 0 \qquad ,$$

und in homogenen Koordinaten

$$(p \cdot u_p, p \cdot v_p, p \cdot w_p, p) = (u_S, v_S, w_S, 1) \cdot \underline{R}_p$$

mit

$$\underline{R}_p = \begin{pmatrix} 1 & 0 & 0 & 0 \\ 0 & 1 & 0 & 0 \\ 0 & 0 & 0 & \dfrac{1}{f_b} \\ 0 & 0 & 0 & 1 \end{pmatrix} \quad .$$

Wie bereits oben erwähnt, erhält man hieraus die Projektionskoordinaten u_p, v_p durch Division der homogenen Koordinaten durch den Faktor

$$p = 1 - \frac{w_S}{f_b} \quad .$$

Damit sind alle Transformationsmatrizen bestimmt. Die Matrix I für die gesamte Transformation ergibt sich durch Multiplikation der vier Einzelmatrizen

$$\underline{T} = \underline{R}_T \cdot \underline{R}_R \cdot \underline{R}_S \cdot \underline{R}_p \quad .$$

Mit Ausnahme der (letzten) Division durch p lautet die Kameraabbildung

$$(p \cdot u_p, p \cdot v_p, o, p) = (x, y, z, 1) \cdot \underline{T}$$

mit

$$\underline{T} = \begin{pmatrix} t_1 & t_2 & 0 & t_3 \\ t_4 & t_5 & 0 & t_6 \\ t_7 & t_8 & 0 & t_9 \\ t_{10} & t_{11} & 0 & t_{12} \end{pmatrix} \quad ,$$

wobei sich die einzelnen Matrixelemente aus den vorher explizit angegebenen Einzelmatrizen $\underline{R}_T$, $\underline{R}_R$, $\underline{R}_S$ und $\underline{R}_p$ berechnen lassen.

Die Bestimmungsgleichungen für die Koordinaten u_p und v_p lauten damit

$$u_p = (x \cdot t_1 + y \cdot t_4 + z \cdot t_7 + t_{10}) / (x \cdot t_3 + y \cdot t_6 + z \cdot t_9 + t_{12})$$

$$v_p = (x \cdot t_2 + y \cdot t_5 + z \cdot t_8 + t_{11}) / (x \cdot t_3 + y \cdot t_6 + z \cdot t_9 + t_{12}) \quad .$$

$$(2.7)$$

Aus Abb. 2.6 ist leicht zu erkennen, daß alle Punkte, die auf der Projektionsgeraden $P \rightarrow F_b$ liegen, denselben Bildpunkt P' ergeben.
Diese durch den Bildpunkt P' und die Kameraparameter eindeutig bestimmte Gerade im Raum ergibt sich als Schnittlinie zweier Ebenen im Raum, deren Gleichung man durch Umstellen aus dem Gleichungspaar 2.7 gewinnt:

Ebene 1:

$$x \cdot (t_1 + u_P \cdot t_3) + y \cdot (t_4 + u_P \cdot t_6) + z \cdot (t_7 + u_P \cdot t_9) = t_{10} - u_P \cdot t_{12}$$

Ebene 2:

$$x \cdot (t_2 + v_P \cdot t_3) + y \cdot (t_5 + v_P \cdot t_6) + z \cdot (t_8 + v_P \cdot t_9) = t_{11} - v_P \cdot t_{12} \qquad .$$

Diese beiden Ebenen müßten nun mit einer weiteren Ebene 3 geschnitten werden, um die drei Koordinaten x,y,z des Objektpunktes aus einem linearen, inhomogenen System von drei Gleichungen berechnen zu können.

Beim Stereoverfahren, auf das später im Kapitel Stereosehen näher eingegangen wird, gewinnt man die notwendige Zusatzinformation mit Hilfe eines zweiten Sensors (Auges).

Ebene 3 kann aber auch durch eine geeignete Beleuchtung (Lichtschnittverfahren) gewonnen werden oder durch eine 2. Aufnahme mit derselben, jedoch örtlich verschobenen Kamera.

Als Ergebnis dieses Abschnitts halten wir fest:

Zu jedem Bildpunkt P' auf der Netzhaut gibt es genau eine Gerade im Raum, deren Punkte P in den Punkt P' der Bildebene abgebildet werden. Zur eindeutigen Bestimmung aller drei Koordinaten eines Raumpunktes wird zusätzliche Information benötigt.

Beispiel:

Ein einfaches von E. Mach vorgeschlagenes Experiment zeigt eindrucksvoll, wie unser Gehirn das Netzhautbild in zweierlei Weise räumlich interpretiert. Hierzu legt man ein in der Mitte gefaltetes Stück Papier mit der Längsseite

auf den Tisch und fixiert schräg von oben etwa die Mitte. Man sieht dann
die in Abb. 2.7 wiedergegebenen Umrißlinien zunächst als Zelt.

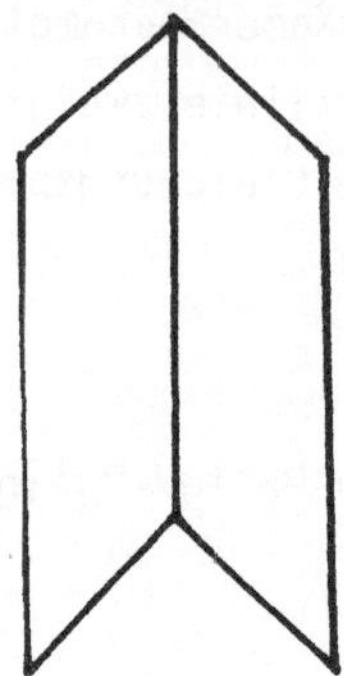

Abb. 2.7: Dieses Gebilde wird als Zelt und als Winkel wahrgenommen.

Nach weiterem Fixieren sieht man plötzlich in einen Winkel hinein, dessen
beide Seiten schräg nach vorn treten. Zelt und Winkel ergeben das gleiche
Netzhautbild, und unser Gehirn versucht mal die eine und mal die andere
Deutung.

Der uns im Rahmen dieser Vorlesung interessierende Sensor ist das menschliche Auge, dessen horizontaler Querschnitt in Abb. 2.8 dargestellt ist.

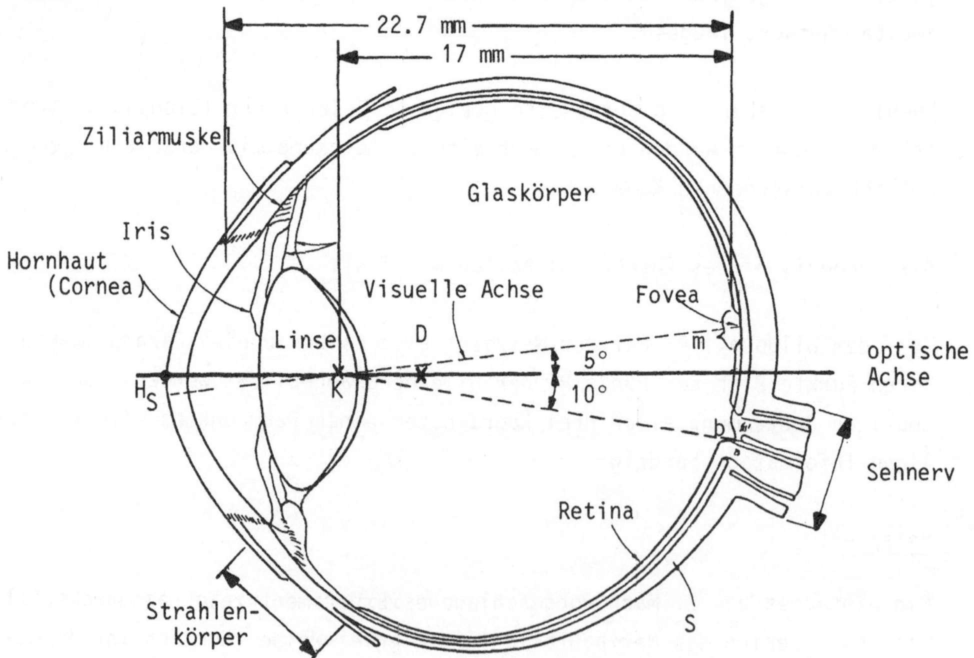

Abb. 2.8: Vereinfachtes Schema eines horizontalen Querschnitts
           des menschlichen Auges

17

Im einzelnen bedeuten

S : <u>Lederhaut</u> (sclera). Sie bildet zusammen mit der Hornhaut (cornea) die Oberfläche des Augapfels.

H_S : <u>Hornhautscheitel</u> als Schnittpunkt der optischen Achse mit der Hornhautoberfläche.

K : <u>Knotenpunkt</u> des optischen Systems, das in vereinfachter Form in Abb. 2.9 dargestellt ist. Der Abstand zur Netzhaut (retina) beträgt etwa 17 mm.

D : <u>Augendrehpunkt</u> auf der optischen Achse im Abstand von 13 mm von H_S.

m : <u>Gelber Fleck</u> (macula lutea) von etwa 5° Durchmesser enthält vorwiegend Zapfen. Sein Zentrum bildet den Bereich des schärfsten Sehens. Dieser liegt nicht auf der optischen Achse.

b : <u>Blinder Fleck</u> (papilla) von 6° Durchmesser. Eintrittsöffnung des Sehnervs (nervus opticus). Hier befinden sich keine Rezeptoren.

Das Auge ist nahezu kugelförmig mit einem mittleren Durchmesser von etwa 20 mm. Unterhalb der Lederhaut liegt eine Membran (choroid) mit vielen Blutgefäßen und Pigmenten, die die Streuung des Lichtes innerhalb des Auges vermindern. Der vorderste Teil dieser Membran wird eingeteilt in <u>Strahlenkörper</u> und <u>Iris</u>, welche zusammen den Blendenmechanismus bilden. Die <u>Pupille</u> als zentrale Öffnung der Iris hat einen variablen Durchmesser zwischen 2 und 8 mm. Die am weitesten nach innen liegende Membran ist die <u>Retina</u>, auf welche bei richtiger Scharfeinstellung des Auges (Akkomodation) die Objekte der Umwelt abgebildet werden. In ihrem Zentrum liegt die <u>fovea centralis</u>, ein Bereich von etwa 1.5° Durchmesser mit der besten Auflösung.

Abbildende Elemente sind Hornhaut, Kammerwasser (zwischen Hornhaut und Linse), Linse, Glaskörper. Nur an der Grenzfläche Luft-Hornhaut tritt ein größerer Brechzahlsprung von n=1 zu n=1.38 auf. Deshalb liegt der <u>Hauptpunkt H</u> (Abb. 2.9) nur ca. 1.5 mm hinter dem Hornhautscheitel H_S.

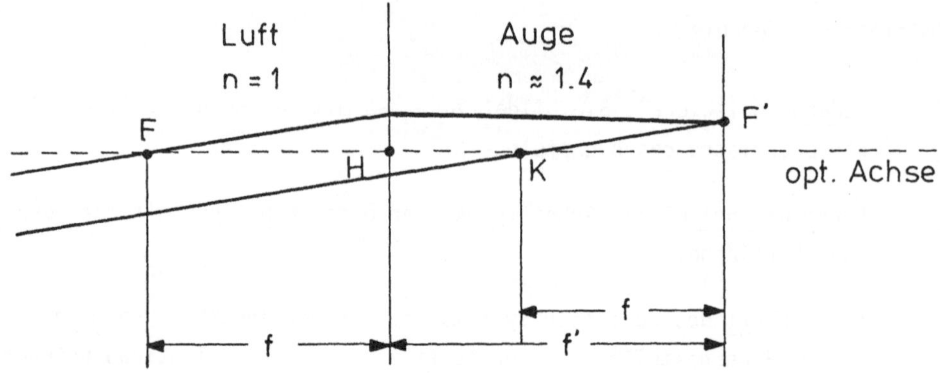

Abb. 2.9: Abbildung eines Parallelstrahlbündels durch das Auge:

F : vorderer Brennpunkt
F' : hinterer Brennpunkt
H : Hauptpunkt in der Hauptebene im Abstand f'=22.8 mm
       von der Bildebene
K : Knotenpunkt im Abstand f=17 mm von der Bildebene
       und im Abstand 5.8 mm vom Hauptpunkt.

Die Linse ist aufgebaut aus konzentrischen Schichten faseriger Zellen und
ist durch Fasern mit dem Strahlenkörper verbunden. Sie absorbiert etwa
8% des sichtbaren Lichtes (380-780 mm Wellenlänge). Im Unterschied zu ge-
wöhnlichen optischen Linsen läßt sich ihre Form ändern und zwar durch den
Zug von Fasern des Ziliarkörpers. Bei der Fokussierung auf weit entfern-
te Objekte (Abstand > 3 m) ergibt sich eine relativ flache Linsenform
mit f=17 mm (59 dpt). Mit kleiner werdendem Betrachtungsabstand vergrößert
sich die Flächenkrümmung und f verkleinert sich bis auf 14 mm (71 dpt).
Das System zur Akkomodation stellt sich beim Fehlen von Akkomodations-
reizen auf eine Sehentfernung von 1 m ein (Ruhelage).

Für die Tiefenschärfe ergibt sich bei einem 2 mm Pupillendurchmesser

Sehentfernung	Schärfebereich
0.3 m	0.30 - 0.33 m
1.0 m	1.0 - 1.3 m
3.3 m	3.3 - ∞ m

Als <u>Bezugssehweite</u> wurde die Sehentfernung 25 cm festgelegt. Bei bekanntem Abstand f des Knotenpunktes von der Fovea läßt sich die Größe des <u>retinalen Bildes</u> leicht mit Hilfe des Strahlensatzes berechnen (Abb.2.10).

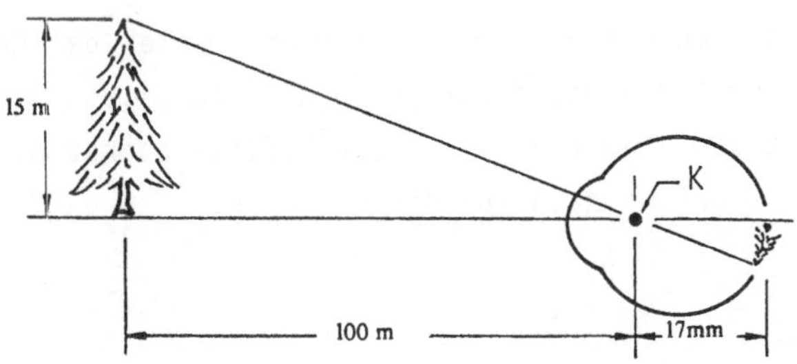

<u>Abb. 2.10</u>: Strahlengang beim Betrachten eines Baumes. K ist der
Knotenpunkt.

Für f=17 mm, einem Betrachtungsabstand von 100 m und einer Objektgröße von 15 m ergibt sich

$$15/100 = x/17 \qquad \text{oder} \qquad x = 2.55 \text{ mm.}$$

Frage: Unter welchem Sehwinkel erscheint der Baum?

Unter einem <u>Grad Sehwinkel</u> wird ein Objekt der Größe

$$x = \frac{2\pi \cdot 100}{360} = \underline{1,75 \text{ cm in 1 m}} \text{ Entfernung gesehen. Der Baum er-}$$

scheint unter einem Sehwinkel von 15/1,75 = 8.57°, welcher 2.55 mm auf der Retina entspricht, d.h. auf der Retina ist

$$1° \text{ Sehwinkel} \cong 0.3 \text{ mm} \qquad 1' \text{ Sehwinkel} \cong 5 \text{ μm.}$$

5 μm entsprechen etwa dem Durchmesser eines Zapfens der retinalen Rezeptorschicht.

Wichtige Gesichtspunkte, die sich durch Berücksichtigung der Beugungserscheinungen ergeben, wurden bisher ausgeklammert. Auf sie wird in den Abschnitten 2.4 und 3.3 ausführlich eingegangen.

2.3 Bildbeschreibung

Wie wir in den letzten Abschnitten gesehen haben, ergeben die winkelab-
hängigen Reflexionsgrade der Objektoberflächen charakteristische Verteilungen der Beleuchtungsstärke in der Bildebene eines Sensors. Im Falle
der Retina ergibt sich ein bestimmtes Erregungsmuster der Rezeptoren, im
Falle einer Filmregistrierung ändert sich die Transmission τ. Bei Photo-
papier vermindert das schwarze Silber den Reflexionsgrad ρ. Die <u>Schwärzung</u>
D des Photopapiers ergibt sich aus der Beziehung

$$D = \lg \frac{1}{\rho} = - \lg\rho \quad . \tag{2.8}$$

Die 2-dimensionale <u>Schwärzungsverteilung</u> eines Bildes bezeichnen wir als
<u>Bildfunktion f(x,y)</u>, wobei wir uns im folgenden auf monochromatische Bil-
der beschränken werden und die in Abschnitt 2.2 eingeführten Bildkoordi-
naten u_p und v_p durch x und y ersetzen. Den Funktionswert f(x,y) an der
Stelle x,y in der Bildebene bezeichnen wir als <u>Grauwert</u>. Dieser ist proportional zu der Leuchtdichte des entsprechenden Punktes im Objektraum.
Die Achsenkonvention geht aus Abb. 2.11 hervor.

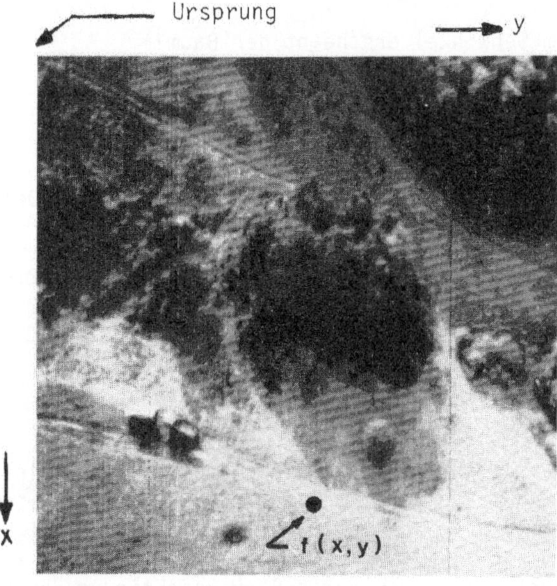

<u>Abb. 2.11</u>: Achsenkonvention bei der Darstellung des Bildes
als Funktion f(x,y).

Wir müssen an dieser Stelle etwas ausführlicher auf die Bildfunktion
f(x,y) eingehen, da sie als Eingangsgröße für alle weiteren Schritte
eine zentrale Rolle spielt. Der Rechner oder auch unser visuelles System,
wenn wir das Bild betrachten, erhält seine gesamte Information über die
Szene in Form der Leuchtdichteverteilung in der Bildebene. Alle Simulatio-
nen von Modellen der visuellen Informationsverarbeitung beginnen mit
f(x,y) als Eingangsgröße, so daß zunächst sichergestellt werden sollte,
daß nicht bereits auf dieser Stufe Verfälschungen der Objektleuchtdichten auftreten.

Wir betrachten zwei Objektpunkte P_1 und P_2, denen in der Bildebene die
beiden Beleuchtungsstärken E_1 und E_2 zugeordnet werden. Die entsprechenden Schwärzungen $D_1 = -\lg\rho_1$ und $D_2 = -\lg\rho_2$ ergeben sich aus der Schwärzungskurve des Photopapiers, wobei ρ_1 und ρ_2 die Reflexionsgrade an entsprechenden Punkten des Photopapiers bedeuten. Nur innerhalb des linearen Teils der Schwärzungskurve und einem <u>Gamma-Wert gleich Eins</u> (Steigung des linearen Teils) ergeben sich gleiche Verhältnisse $\rho_1/\rho_2 = E_1/E_2$
von Bild- und Objektleuchtdichten.

Auf die retinalen Reiz-Reaktionskennlinien wird in Abschnitt 3.3 näher
eingegangen.

Der Wertebereich der Bildfunktion f(x,y) ergibt sich aus dem Produkt der
Beleuchtungsstärke und des Reflexionsgrades der aufgenommenen Objekte
(siehe Gl. 2.6). Er kann in Abhängigkeit vom Aufnahmemedium einige
Zehnerpotenzen umfassen: vom mond- und wolkenlosen Nachthimmel mit
10^{-4} lx, über 100 lx einer bequemen Lesebeleuchtung, 10^3 lx bei wolkigem
Himmel bis mehr als 10^5 lx bei unbedecktem Tageshimmel erstreckt sich ganz
grob die Beleuchtungsskala. Der Reflexionsgrad ändert sich von 0.01 bei
schwarzem Samt, 0.65 für rostfreien Stahl bis 0.93 für Schnee. Für eine
mattweiße Papierfläche mit $\rho = 0.7$ ergibt sich nach Gl.(2.3) bei einer
Beleuchtung mit 100 lx eine Leuchtdichte von $L_{diff} = 22.3$ cd/m^2.

Für eine bestimmte Szene sind die maximalen und minimalen Objektleuchtdichten L_{max} und L_{min} proportional zur oberen und unteren Grenze der
Bildfunktion. Mit a als Proportionalitätsfaktor ist

$$0 \leq a \cdot L_{min} \leq f(x,y) \leq a \cdot L_{max} \quad .$$

Diese Grenzen bestimmen den <u>Grauwertbereich</u>. Üblicherweise transformiert
man diesen Bereich in einen Bereich [0,L], wobei Schwarz gleich Null und
Weiß gleich L angenommen wird.

Für die Verarbeitung im Digitalrechner, aber auch für die Verarbeitung im
Zentralnervensystem müssen die unabhängigen Varibalen x,y und der Grau-
wert f(x,y) digitalisiert werden, d.h. Ort und Grauwert müssen in diskrete
Einheiten zerlegt werden.

Nach einer äquidistanten <u>Digitalisierung</u> in N Zeilen und N Spalten erhält
man eine quadratische Matrix

$$f(x,y) \approx f(N_i,N_j) \text{ mit } \quad i = 1,2, \ldots, N$$
$$j = 1,2, \ldots, N \quad ,$$

dessen einzelne Elemente mit <u>Pixel oder Pel</u> (p = picture element) bezeichnet werden. Natürlich läßt sich auch eine Digitalisierung in N Zeilen
und M Spalten mit N ≠ M durchführen, was eine Rechteckmatrix ergibt.

Für die entsprechenden, quantisierten Grauwerte gilt

$$0 \leq f(N_i,N_j) \leq G - 1 \quad .$$

Es ist günstig, die Zahl der Quantisierungsstufen als ganzzahlige Poten-
zen der Zahl zwei zu wählen

$$N = 2^n \quad \text{und} \quad G = 2^m \quad .$$

Die Qualität eines Schwarz-Weiß-Fernsehbildes wird in guter Näherung durch
ein entsprechendes 512 x 512 Digitalbild mit 256 Graustufen erreicht, d.h.
$n = 9$ und $m = 8$. Geringfügig schlechter ist die Qualität für $n = 8$ und
$m = 7$ oder 6. Für $n \leq 7$ (128 x 128 Digitalbild) wird die Qualität deutlich
schlechter.

Die Zahl der zu verarbeitenden oder zu speichernden bit-Zahlen ist im
ersten Fall

$$512 \times 512 \times 8 = 2097152 \text{ bit} = 262144 \text{ bytes} \quad ,$$

und im zweiten Fall für m = 7

$$256 \times 256 \times 7 = 458752 \text{ bit} = 57344 \text{ bytes} \quad (1 \text{ byte} = 8 \text{ bit}).$$

In Abb. 2.12 ist der rechte Lastkraftwagen aus Abb. 2.11 als 40 x 40 Bild-matrix mit 2^6 = 64 Graustufen dargestellt. Die einzelnen Pixel wurden dreifach nebeneinander gesetzt, um ein größeres Bildformat für die Wiedergabe zu erhalten. Dadurch ergeben sich die auffälligen Quantisierungsgrenzen, die eine Erkennung sehr erschweren.

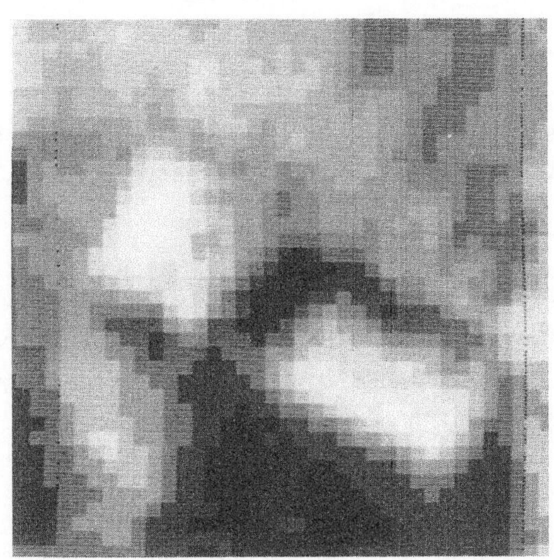

Abb. 2.12: Digitalisiertes Grauwertbild. Der LKW im linken unteren Bildbereich von Abb. 2.11 und dessen unmittelbare Umgebung wurde in 40 x 40 Bildpunkte zerlegt (siehe Text).

Einen guten Überblick über den Grauwertverlauf im Bild erhält man häufig durch eine perspektivische Darstellung, in welcher über den Zeilen- und Spaltennummern der entsprechende Grauwert aufgetragen ist. In Abb. 2.13 ist ein "Grauwertgebirge" für den Lastkraftwagen aus Abb. 2.12 dargestellt.

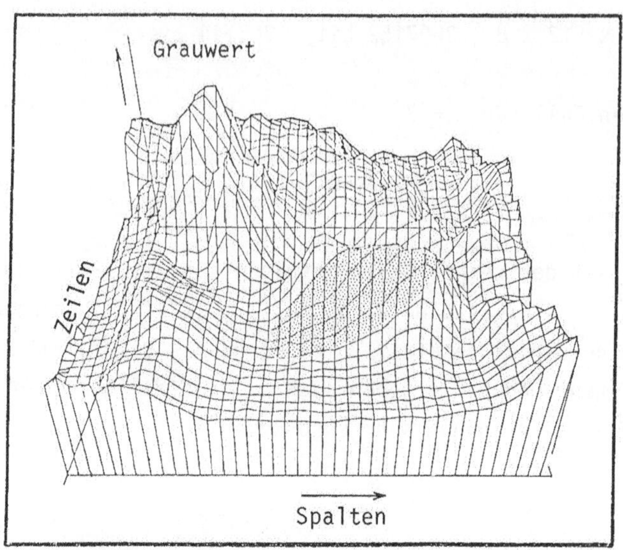

Abb. 2.13: Das Digitalbild $f(N_i, N_j)$ des LKW aus Abb. 2.12 ist perspek-
tivisch als Fläche im Raum dargestellt (i=1, ..., 40,
j=1, ..., 40).

Man erkennt links oben einen markanten Gipfel, der durch die hohe Leuchtdichte des Führerhauses zustande kommt, sowie die relativ glatte Flanke,
die den Übergang der Ladefläche in den Schlagschatten darstellt. Diese
Flanke ist zur Verdeutlichung durch Punkte hervorgehoben.

2.4 (Modulations-) Übertragungsfunktion

Im letzten Kapitel hatten wir die Abbildungseigenschaften des Auges mit
Hilfe der geometrischen Optik beschrieben. Diese liefert jedoch nur
eine näherungsweise Beschreibung der realen Verhältnisse und liefert
insbesondere keine Aussagen zum Auflösungsvermögen des Auges oder anderer optischer Systeme. Eine genaue Beschreibung der Änderungen, denen
ein optisches Signal bei einer Abbildung unterworfen ist, liefert die
optische Übertragungstheorie. Eine ausführliche Darstellung dieser Theorie findet man in /2.7/.

Die optische Abbildung wird als Prozeß einer Signalübertragung aufgefaßt, bei der das optische (abbildende) System die Rolle eines Frequenz-
filters spielt. Diese Beschreibungsweise ist in vollständiger Analogie
zur Übertragung elektrischer Nachrichten durch Frequenzfilter, wo die
Nachricht eine Funktion nur der Zeit und nicht des Ortes hat. In Abb.
2.14 und 2.15 sind diese beiden Beschreibungen jeweils schematisch dargestellt.

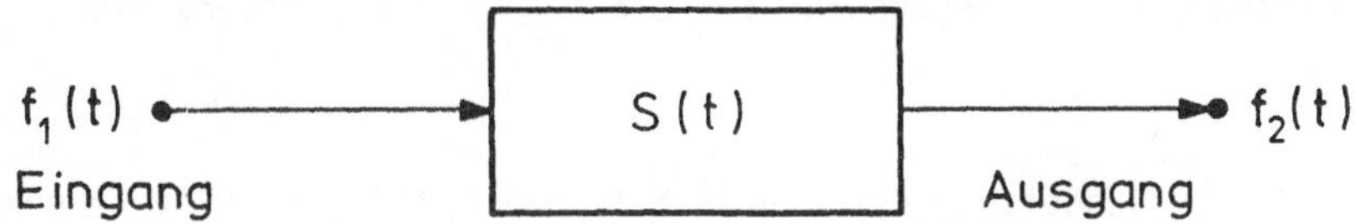

Abb. 2.14: Signalübertragung, die durch die Systemtheorie der
Zeitvorgänge beschrieben wird.

Die Ausgangsfunktion $f_2(t)$ ergibt sich durch eine Faltung der Eingangs-
funktion $f_1(t)$ mit der Impulsfunktion s(t) unter der Voraussetzung der
Linearität, Zeitinvarianz, Stabilität und Kausalität

$$f_2(t) = \int_0^t f_1(t')s(t-t')dt' = f_1(t) * s(t) \quad . \qquad (2.9)$$

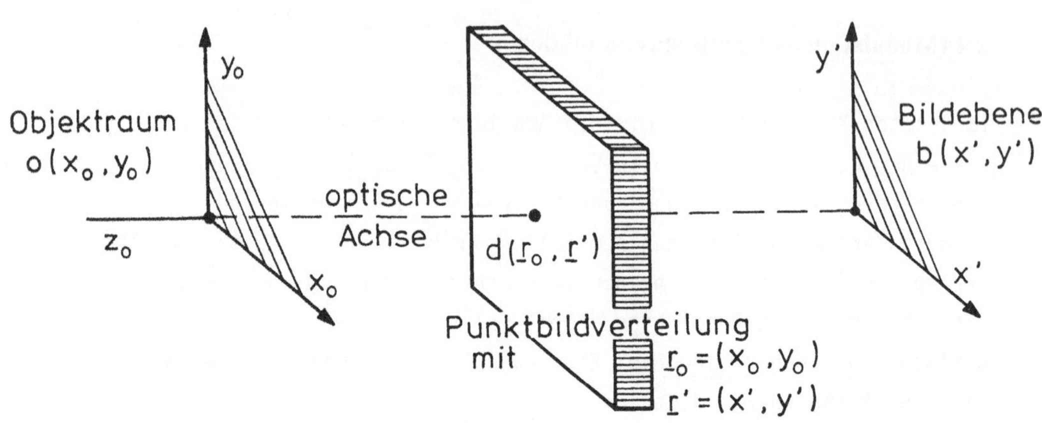

Abb. 2.15: Signalübertragung, die durch die optische Übertragungstheorie oder allgemeiner durch die Systemtheorie ört-
licher Vorgänge beschrieben wird.

Wir beschränken uns auf die inkohärente Abbildung der Leuchtdichteverteilung $o(\underline{r}_0)$ in der Objektebene über ein optisches System mit der
Punktbildverteilung $d(\underline{r},\underline{r}_0')$ in die Leuchtdichteverteilung $b(x',y')$ innerhalb der Bildebene, welche eine bestimmte Schwärzung oder Grauwert-
verteilung $g(x',y')$ verursacht für den Fall einer photographischen Aufnahme.

Unter der Voraussetzung der Linearität, der Ortsinvarianz des Punktbil-
des $d(\underline{r},\underline{r}_0')$ und der Stabilität (die Kausalitätsforderung entfällt) ergibt sich die Beziehung

$$b(\underline{r}') = \int\limits_{-\infty}^{+\infty} \int\limits_{-\infty}^{+\infty} o(\underline{r}_0)d(\underline{r}'-\underline{r}_0)\ dx_0 dy_0 \qquad\qquad (2.10)$$

$$= o(\underline{r}') * d(\underline{r}') \quad ,$$

dabei wird die Objektebene als unendlich ausgedehnte Ebene betrachtet.

Vor einer quantitativen Formulierung der oben erwähnten Voraussetzungen
wie Linearität usw. und der Einführung der Modulationsübertragungsfunktion
(MÜF) als Fouriertransformation der Punktbildverteilung soll kurz der
Begriff des Punktbildes und in diesem Zusammenhang die δ-Funktion
("Dirac-Stoß") erläutert werden.

Durch die Gleichung

$$y(x) = \int_{-\infty}^{+\infty} \delta(x'-x)y(x')dx' \qquad (2.11)$$

wird eine Funktion $\delta(x'-x)$ definiert mit der Eigenschaft, daß die Integralgleichung (2.11) durch <u>beliebige</u> Funktionen y erfüllt wird. Das bedeutet im einzelnen für die Funktion $y(x) \equiv 1$ für alle x

$$\int_{-\infty}^{+\infty} \delta(x')dx' = 1 \qquad . \qquad (2.12)$$

Weiterhin besteht zwischen $y(x)$ und $y(x')$ für $x \neq x'$ kein Zusammenhang, so daß

$$\delta(x') = o \qquad \text{für} \qquad x' \neq o \qquad (2.13)$$

sein muß. Weil die δ-Funktion auch $y(-x')$ in $y(-x)$ abbilden muß, ist sie symmetrisch

$$\delta(-x) = \delta(+x) \qquad . \qquad (2.14)$$

Der anschauliche Inhalt dieser Gleichungen geht aus Abb. 2.15 hervor.

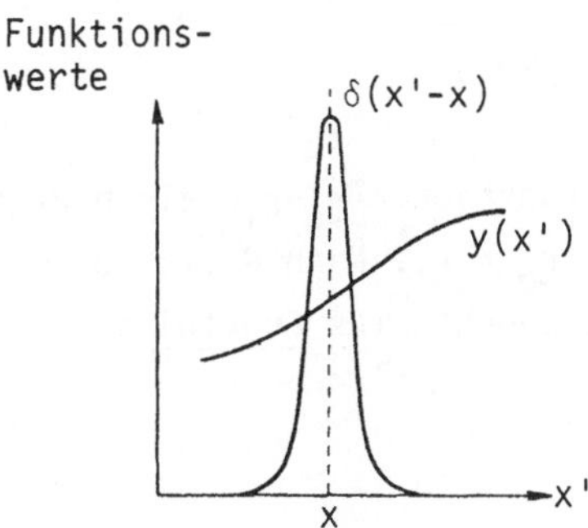

<u>Abb. 2.16</u>: Wirkungsweise der δ-Funktion.

Die Funktion $\delta(x'-x)$ verschwindet außerhalb einer kleinen Umgebung von x. An der Stelle $x'=x$ hat sie ein scharfes Maximum, so daß zum Integral (2.11) nur eine kleine Umgebung von $x'=x$ beiträgt. Wegen der Normierung

Gl.(2.12) bedeutet die Integration (2.11) eine Mittelung der Werte von $y(x')$ um eine sehr kleine Umgebung von x, in welcher die Funktion $y(x')$ als nahezu konstant angesehen werden kann.

Aus den Gln.(2.13) und (2.12) folgt, daß ein einzelner Punkt $x'=o$ ein endliches Integral liefert, was mathematisch normalerweise ausgeschlossen ist und erst durch die Theorie der Distributionen logisch widerspruchsfrei in die Mathematik eingebaut wurde. Die δ-Funktion ist eine <u>uneigentliche Funktion</u>. Es lassen sich jedoch wohldefinierte Funktionen $\delta_\varepsilon(x)$ angeben, die in der Grenze $\varepsilon \to o$ die Gl.(2.11)-(2.14) erfüllen, z.B. die Glockenkurve

$$\delta_\varepsilon(x) = \frac{1}{\varepsilon\sqrt{\pi}} \, e^{-(x/\varepsilon)^2} \quad .$$

ε kann als Maß für die Breite angesehen werden, innerhalb welcher $\delta_\varepsilon(x)$ wesentlich zu der Integration in Gl.(2.11) beiträgt. Bei Verwendung der Näherungsfunktion $\delta_\varepsilon(x)$ darf erst nach der Durchführung der Integration zur Grenze $\varepsilon \to o$ übergegangen werden, um das exakte Ergebnis zu erhalten.

In dem uns interessierenden 2-dimensionalen Fall versteht man unter $\delta(\underline{r}'-\underline{r}_0)$ das Produkt zweier δ-Funktionen

$$\delta(\underline{r}'-\underline{r}_0) = \delta(x'-x_0)\delta(y'-y_0) \quad .$$

Wir betrachten nun die δ-Funktion $\delta(\underline{r}_0-\underline{r}_1)$ als punktförmige Lichtquelle in der Objektebene am Ort $\underline{r}_0 = \underline{r}_1$. Nach Gl.(2.10) ergibt sich unter Benutzung der Gl.(2.11) als sogenanntes <u>Punktbild</u>

$$b(\underline{r}') = d(\underline{r}'-\underline{r}_1) \quad . \tag{2.15}$$

Aus den δ-Funktionen, die jeweils linear unabhängige punktförmige Lichtquellen darstellen, lassen sich durch <u>lineare Superposition</u> beliebig geformte Objektverteilungen aufbauen

$$o(\underline{r}) = \iint\limits_{\text{Objektebene}} o(\underline{r}_0)\delta(\underline{r}-\underline{r}_0)dx_0dy_0 \tag{2.16}$$

wobei $o(\underline{r}_0)dx_0 dy_0$ als Gewichtsfunktion für die δ-Lichtquellen aufgefaßt werden kann. Die der Objektverteilung $o(\underline{r})$ entsprechende Bildverteilung ergibt sich durch lineare Superposition der Bilder der einzelnen Punktlichtquellen im Objektraum. Hierbei wird vom __linearen Superpositionsgesetz__ Gebrauch gemacht, das im einzelnen folgendes bedeutet /2.7/: Angenommen, die optische Abbildung überführt zwei Objektverteilungen $o_1(\underline{r}_0)$ und $o_2(\underline{r}_0)$ in die Bildverteilung $b_1(\underline{r}')$ und $b_2(\underline{r}')$, d.h.

$$o_1(\underline{r}_0) \xrightarrow{\text{Abb.}} b_1(\underline{r}') \quad \text{und} \quad o_2(\underline{r}_0) \xrightarrow{\text{Abb.}} b_2(\underline{r}') \quad ,$$

dann soll das Abbildungssystem in Bezug auf die Signalmenge __linear__ heißen, wenn aus diesen Zuordnungen die weitere Zuordnung

$$\alpha \cdot o_1(\underline{r}_0) + \beta \cdot o_2(\underline{r}_0) \xrightarrow{\text{Abb.}} \alpha \cdot b_1(\underline{r}') + \beta \cdot b_2(\underline{r}') \qquad (2.17)$$

folgt mit beliebigen reellen oder komplexen Zahlen α und β .

Die Linearitätsbedingung (2.17) bedeutet im Falle der Abbildung einer Punktlichtquelle in ein Punktbild, daß eine Veränderung des Signals um den Faktor α eine Veränderung des Bildes um den gleichen Faktor hervorruft. Darüber hinaus wird die Übertragung dieses Signals nicht gestört durch die gleichzeitige Abbildung anderer Objektpunkte, d.h. es gibt keine Interaktion der verschiedenen parallelen Übertragungswege. Bei rein optischen Abbildungssystemen sind diese Bedingungen für vollständige Inkohärenz oder Kohärenz der Wellen immer erfüllt /2.7/.

Uns interessieren die Signale von __inkohärent__ leuchtenden Objekten. Hier überlagern sich die Intensitäten der Lichtwellen, d.h. die Quadrate ihrer Amplituden linear in der Bildebene. Im Falle von komplexen elektro-optischen Systemen, photographischen Emulsionen oder des visuellen Systems ist die Linearitätsbedingung häufig nicht erfüllt.

Beispiel 1:
Bei dem in Abb. 2.17 dargestellten Zusammenhang zwischen der Belichtungsstärke H (relative Beleuchtungsstärke x Zeiteinheit) und dem Reflexionsgrad ρ eines entsprechend beleuchteten Photopapiers gibt es eine untere und obere Begrenzung von ρ. Die Belichtungsstärken $H_1=1$ und $H_2=4$ führen

jeweils zu den Reflexionsgraden ρ_1=0.2 und ρ_2=0.3, während die Belichtungsstärke H_1+H_2=5 zu ρ=0.4 $\neq$ $\rho_1+\rho_2$=0.5 führt. Es gilt also nicht das lineare Superpositionsgesetz.

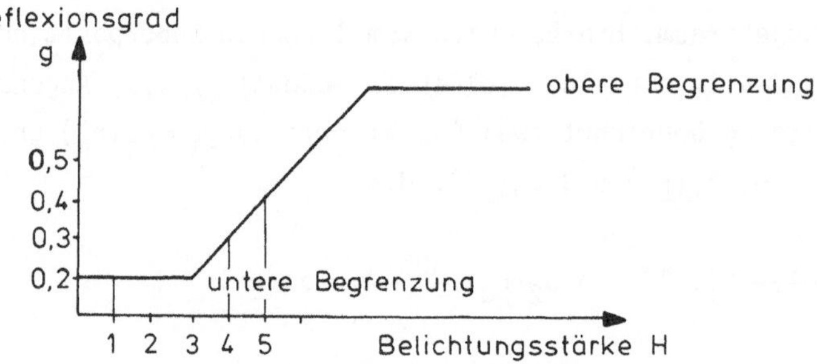

Abb. 2.17: Beispiel einer nichtlinearen Zuordnung (siehe Text).

Neben der Linearität wurde bei Gl. 2.10 noch eine weitere Bedingung an die Abbildungssysteme gestellt: die Invarianz des Punktbildes. Um diesen Begriff zu klären, betrachten wir eine Punktlichtquelle im Ursprung der Objektebene

$$o(\underline{r}_0=o) = \delta(\underline{r}_0) \quad .$$

Aus der angenommenen Rotationssymmetrie des optischen Abbildungssystems folgt, daß auch das Punktbild $d(\underline{r}')$ Rotationssymmetrie besitzen muß. Verschiebt man die Punktlichtquelle in der Objektebene an eine Stelle $\underline{r}_1' \neq (o,o)$ so verschiebt sich das Punktbild ebenfalls in der Bildebene. Durch die Bedingung der Invarianz wird gefordert, daß sich bei der Verschiebung die Gestalt des Punktbildes nicht ändert: $d(\underline{r}') \cong d(\underline{r}'-\underline{r}_1')$. Diese Bedingung läßt sich in realen Systemen auch mit großem Aufwand (Kombination von Linsen zur Korrektur) nur näherungsweise erfüllen, da bei schräg einfallenden Lichtbündeln (z.B. "Koma") oder außeraxialen Objektpunkten immer ortsabhängige Verzerrungen in der Bildebene entstehen.

Beispiel 2:
Für eine sehr einfache Objekt- bzw. Punktbildverteilung $o(x_0)$ und $d(x_0)$ wird in Abb. 2.18 die Faltungsoperation

$$\int_{-\infty}^{+\infty} o(x_0)d(x'-x_0)dx_0 = o(x')*d(x')$$

veranschaulicht.

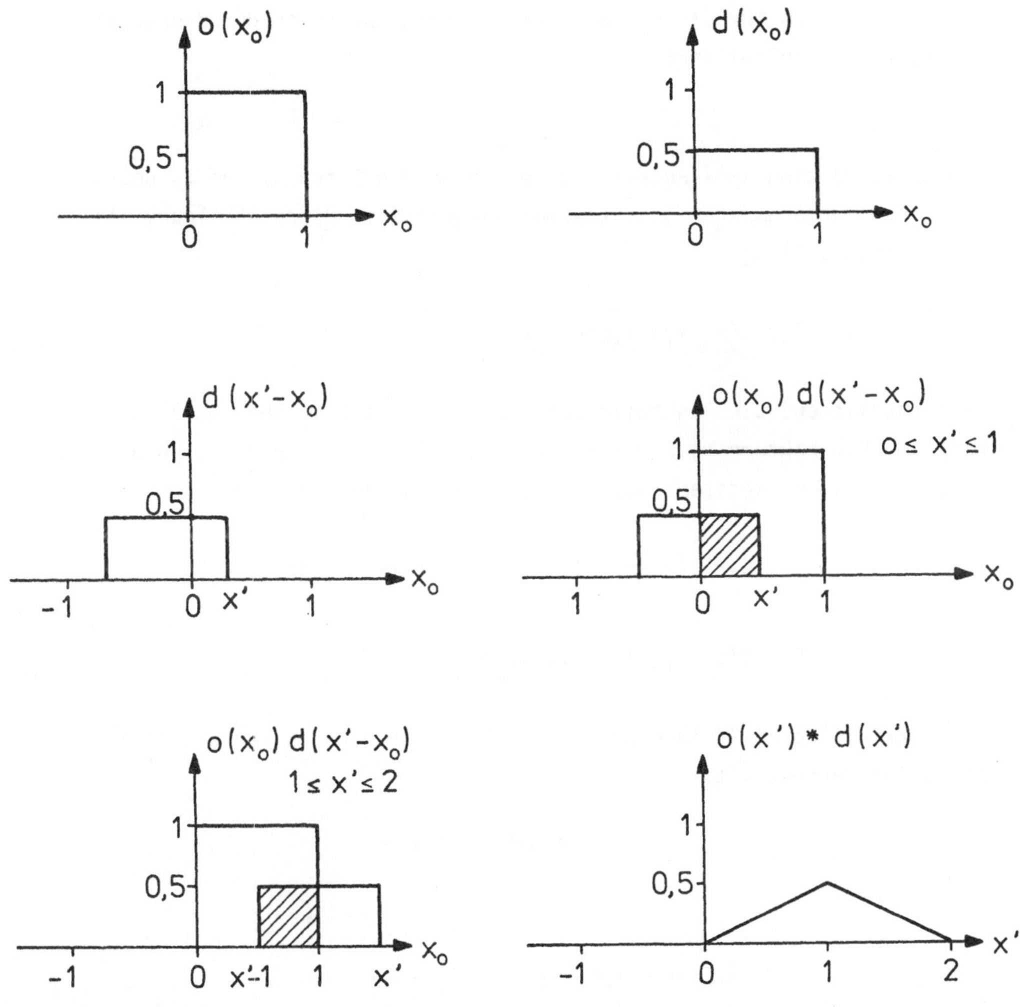

Abb. 2.18: Veranschaulichung einer Faltungsoperation. Das Produkt der Objektverteilung $o(x_0)$ und der Punktbildverteilung $d(x_0)$ ist gleich 0.5 in den schaffierten Bereichen (abgeändert aus /2.8/).

Vor der Integration muß aus $d(x_0)$ die verschobene Funktion $d(x'-x_0)$ gebildet werden. Das Produkt $o(x_0)d(x'-x_0)$ ist für die beiden Intervalle $o \leq x' \leq 1$ und $1 \leq x' \leq 2$ getrennt dargestellt. Es ist in den schraffierten Bereichen jeweils gleich 0.5. Die Flächengröße dieser Bereiche ist $x'/2$ bzw. $1-x'/2$. Außerhalb des Intervalles [0,2] ist das Produkt gleich

Null, so daß sich für das Ergebnis der Faltungsoperation der dreieckförmige Funktionsverlauf ergibt.

Beispiel 3:

In Abb. 2.19a sind zwei Punktlichtquellen an den Orten x_1 und x_2 des eindimensional angenommenen Objektraumes dargestellt. Diese Abbildung soll
die Objektverteilung

$$o(x_0) = 0,8 \cdot \delta(x_0 - x_1) + 1,2 \cdot \delta(x_0 - x_2)$$

veranschaulichen. Die Punktbildverteilung $d(x')$ ist in Abb. 2.19b dargestellt. Die Faktoren 0,8 und 1,2 sind die Intensitäten der Lichtquellen.
Bei der Abbildung entsteht nach Gl. 2.10 die Bildverteilung

$$b(x') = \int_{-\infty}^{+\infty} [0,8 \cdot \delta(x_0 - x_1) + 1,2 \cdot \delta(x_0 - x_2)] d(x' - x_0) dx_0$$

$$= 0,8 \cdot d(x' - x_1) + 1,2 \cdot d(x' - x_2).$$

Diese Verteilung $b(x')$ im eindimensional angenommenen Bildraum ist in
Abb. 2.19c dargestellt.

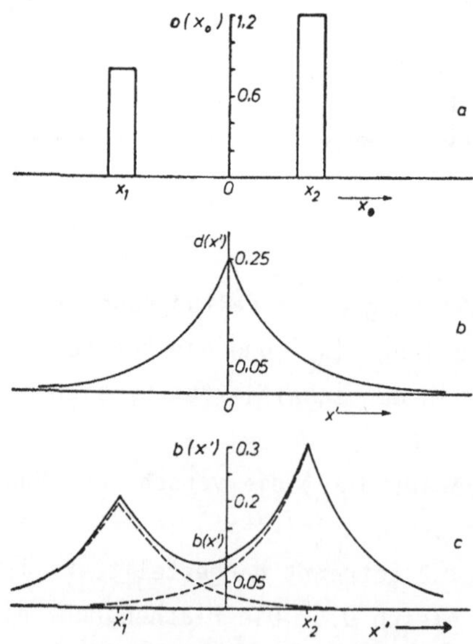

<u>Abb. 2.19:</u> Veranschaulichung der Faltungsoperation für den Fall zweier
Punktlichtquellen mit den Intensitäten 0,8 und 1,2 (aus /2.9/).
Zur Berechnung der Bildverteilung $b(x')$ (durchgezogene Kurve
in c) ist die Objektverteilung in a mit dem normierten Punktbild $d(x')$ in b zu falten.

Ganz analog zur <u>Fourier-Transformation</u> einer aperiodischen eindimensionalen Zeitfunktion nach sin- oder cos-Funktionen wird die Fourier-Transformation einer Funktion f(x,y) der beiden unabhängigen Ortskoordinaten x und y definiert

$$F(u,v) = \int\limits_{-\infty}^{\infty} \int\limits_{-\infty}^{\infty} f(x,y)\, \exp[-j2\pi(ux+vy)]\,dxdy \quad . \qquad (2.18)$$

Im allgemeinen ist F(u,v) eine komplexe Funktion von u und v mit einem Realteil R(u,v) und einem Imaginärteil I(u,v):

$$F(u,v) = R(u,v)+j\,I(u,v) = |F(u,v)| \cdot e^{j\phi(u,v)}$$

mit

$$|F(u,v)| = [R^2(u,v) + I^2(u,v)]^{\frac{1}{2}} \qquad \text{und}$$

$$\phi(u,v) = \tan^{-1}[\frac{I(u,v)}{R(u,v)}] \quad .$$

F(u,v) heißt Frequenzspektrum von f(x,y)

|F(u,v)| heißt Fourierspektrum von f(x,y)

ϕ(u,v) heißt Phasenwinkel von f(x,y) und

$|F(u,v)|^2 = R^2(u,v) + I^2(u,v)$ heißt Leistungsdichtespektrum.

<u>Beispiel</u>:
Das Frequenzspektrum der in Abb. 2.20a dargestellten zweidimensionalen Rechteckfunktion ist nach Gl. 2.18

$$F(u,v) = A \int\limits_{0}^{X}\exp[-j2\pi ux]\,dx \int\limits_{0}^{Y} \exp[-2\pi vy]\,dy$$

$$= AXY\,[\frac{\sin(\pi uX)e^{-j\pi uX}}{(\pi uX)}]\,[\frac{\sin(\pi vY)e^{-j\pi vY}}{(\pi vY)}] \quad .$$

Das Fourierspektrum |F(u,v)| ist in Abb. 2.20b und c graphisch bzw. als Grauwertbild dargestellt.

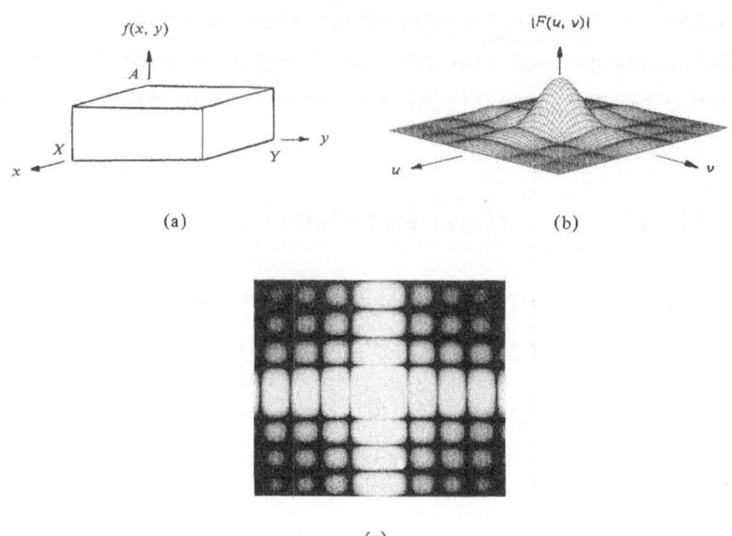

(a)

(b)

(c)

Abb. 2.20: In a) ist eine zweidimensionale Rechteckfunktion mit der Amplitude f(x,y)=A dargestellt, in b) deren Fourierspektrum
und in c) das Spektrum als Helligkeitsverteilung (aus /2.8/).

Andere Beispiele sind in Abb. 2.21 dargestellt.

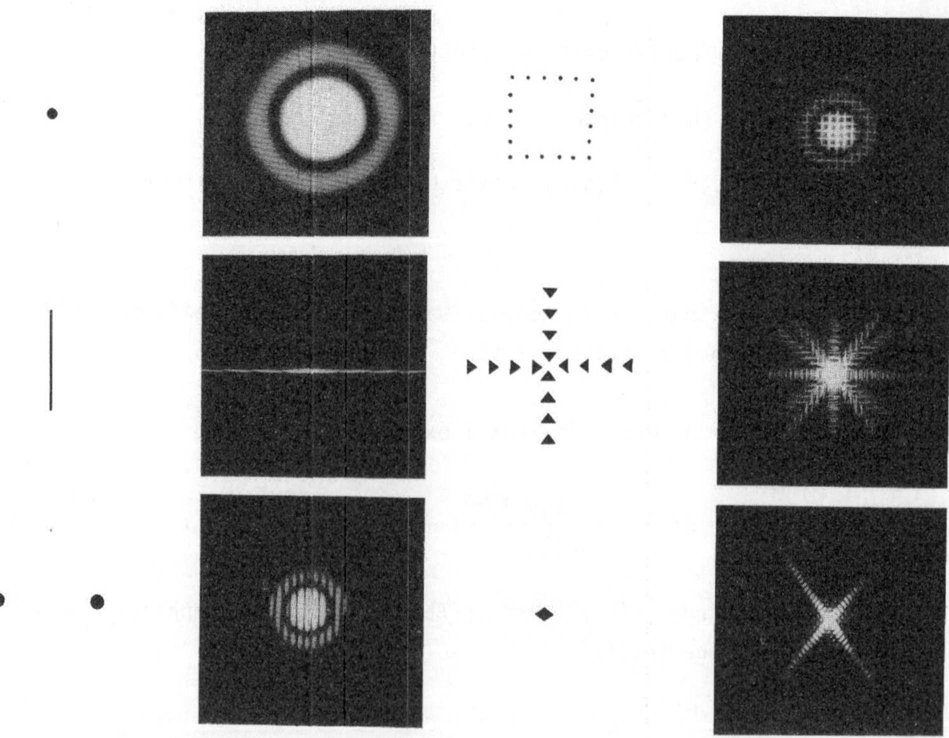

Abb. 2.21: Beispiele für Fourierspektren. Links sind die Ortsfunktionen
f(x,y) und rechts die zugehörigen Fourierspektren als Helligkeitsverteilung dargestellt (aus /2.8/).

Die <u>inverse Fourier-Transformation</u> von F(u,v) ist

$$f(x,y) = \int_{-\infty}^{\infty} \int_{-\infty}^{\infty} F(u,v)\,\exp[j2\pi(ux+vy)]\,dudv \qquad . \qquad\qquad (2.19)$$

Analog zum Begriff der Zeitfrequenz in der Systemtheorie der Zeitvorgänge
wurde für die Variablen u und v in den Gln. (2.18) und (2.19) der Begriff
der <u>Ortsfrequenz</u> mit der Dimension 1/Länge eingeführt.

Dieser zunächst etwas unanschauliche Begriff läßt sich mit Hilfe von
Gl. (2.19) folgendermaßen veranschaulichen /2.9/: Die Funktion

$$\exp[j2\pi(ux+vy)] = \cos2\pi(ux+vy)+j\sin 2\pi(ux+vy)$$

stellt ein zweidimensionales periodisches Muster dar, dessen Periode aus
Abb. 2.22 hervorgeht. Hier sind die Nulldurchgänge der sin-Funktion durch
die schrägen, parallelen Linien markiert.

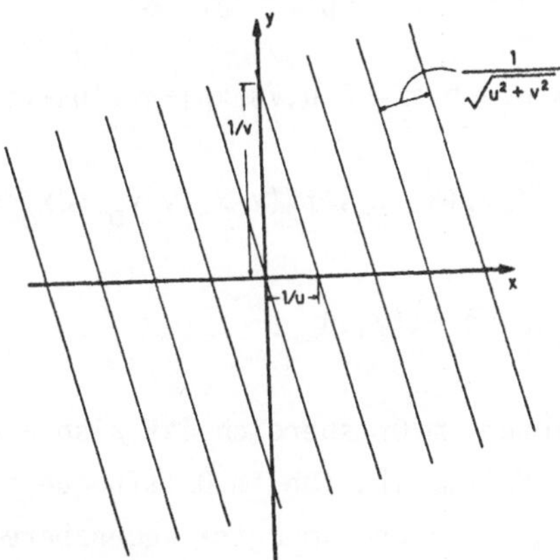

<u>Abb. 2.22</u>:   Linien, die den Nullstellen der Funktion $\sin 2\pi(ux+vy)$ ent-
            sprechen (aus /2.9/).

Benachbarte Schnittpunkte dieser Linien mit Parallelen zur x- bzw. y-Achse
haben einen Abstand x=1/u bzw. y=1/v, d.h., man erhält ein periodisches zweidimensionales Muster mit v Perioden pro Längeneinheit in y-Richtung und
u Perioden pro Längeneinheit in x-Richtung. Die Darstellung für die cos-
Funktion ist bis auf die Verschiebung um eine halbe Periode mit Abb. 2.22
identisch.

Die Funktion f(x,y) wird also nach Gl.(2.19) durch eine Linearkombination
trigonometrischer Funktionen dargestellt, die parallel zur x- bzw. y-Achse
periodisch sind mit den Frequenzen u bzw. v. Das Frequenzspektrum $F(u,v)$
ist ein Gewichtsfaktor für den relativen Beitrag der Basisfunktion
$\exp[j2\pi(ux+uv)]$ zur Gesamtsumme.

Je nach Anwendung wird die Ortsfrequenz in Perioden/mm, Linienpaaren/mm
oder Perioden/Grad Sehwinkel angegeben.

Ohne Beweis sind im folgenden <u>Eigenschaften der Fourier-Transformation</u>
aufgezählt, von denen wir teilweise Gebrauch machen werden /2.9/.

Es sei $\mathcal{F}\{f(x,y)\} = F(u,v)$ die Fourier-Transformation einer Funktion
$f(x,y)$. Dann gilt

<u>Linearität</u>: $\mathcal{F}\{af_1(x,y)+bf_2(x,y)\} = aF_1(u,v)+bF_2(u,v)$

<u>Maßstabsänderung</u>: $\mathcal{F}\{f(ax,by)\} = \dfrac{1}{|a\cdot b|}\ F(\dfrac{u}{a},\dfrac{v}{b})$

<u>Verschiebung</u>: $\mathcal{F}\{f(x-a,y-b)\} = F(u,v)\exp[-j2\pi(ua+vb)]$

<u>Faltung</u>: $\mathcal{F}\{\displaystyle\int_{-\infty}^{\infty}\int_{-\infty}^{\infty} f_1(x_0,y_0)\ f_2(x-x_0,y-y_0)\ dx_0 dy_0$

$$= F_1(u,v)\ F_2(u,v)\ . \tag{2.20}$$

Die Faltung zweier Funktionen im Ortsbereich ist also äquivalent der sehr
einfachen Operation einer Multiplikation im Ortsfrequenzbereich. Die entsprechende Beziehung für die Faltung im Ortsfrequenzbereich lautet

$$\mathcal{F}\{f_1(x,y)\ f_2(x,y)\} = \int_{-\infty}^{\infty}\int_{-\infty}^{\infty} F_1(u-s,v-t)\ F_2(s,t)\ dsdt\ .$$

Die Fourier-Transformation des Faltungsintegrals 2.10 ergibt also

$$B(\underline{w}) = D(\underline{w}) \cdot O(\underline{w})$$

mit

$$O(\underline{w}) = \int\!\!\int_{-\infty}^{\infty} o(\underline{r}_0)e^{-j2\pi(\underline{r}_0,\underline{w})}\, dx_0 dy_0$$

$$B(\underline{w}) = \int\!\!\int_{-\infty}^{\infty} b(\underline{r}')e^{-j2\pi(\underline{r}',\underline{w})}\, dx'dy'$$

$$D(\underline{w}) = \int\!\!\int_{-\infty}^{\infty} d(\underline{r}')e^{-j2\pi(\underline{r}',\underline{w})}\, dx'dy'$$

als den Fourier-Transformationen der Objekt-, Bild- und Punktbildverteilung und

$$(\underline{r}_0,\underline{w}) = x_0 u + y_0 v \qquad (\underline{r}',\underline{w}) = x'u + y'v$$

als Skalarprodukt der Vektoren $\underline{r}_0 = (x_0, y_0)$, $\underline{r}'(x', y')$ und $\underline{w} = (u, v)$, dessen Komponenten Ortsfrequenzen darstellen.

Der Betrag $|D(w)|$ der Übertragungsfunktion $D(w)$ wird <u>Modulationsübertragungsfunktion</u> (<u>MÜF</u>) genannt, (englisch Modulation Transfer Function (MTF)). Dieser Name läßt sich an dem einfachen Beispiel eines eindimensionalen Gitters $o(x)$ mit der Ortsfrequenz u_0, der reellen Amplitude α und der mittleren Leuchtdichte l_0 wie folgt erklären:
Das Gitter wird im Objektraum beschrieben durch

$$o(x) = l_0 + \alpha \cdot \sin 2\pi u_0 x \quad .$$

Mit den Beziehungen l_{max} und l_{min} für die maximale und minimale Leuchtdichte ergibt sich als Zusammenhang zwischen <u>Modulationsgrad oder Kontrast m</u> in der Objektebene und der Amplitude α

$$m = \frac{l_{max} - l_{min}}{l_{max} + l_{min}} = \frac{\alpha}{l_0} \quad , \tag{2.23}$$

wie sich aus Abb. 2.23 leicht ablesen läßt.

Entsprechend ist der Modulationsgrad $m' = \alpha'/l_0'$ in der Bildebene definiert.

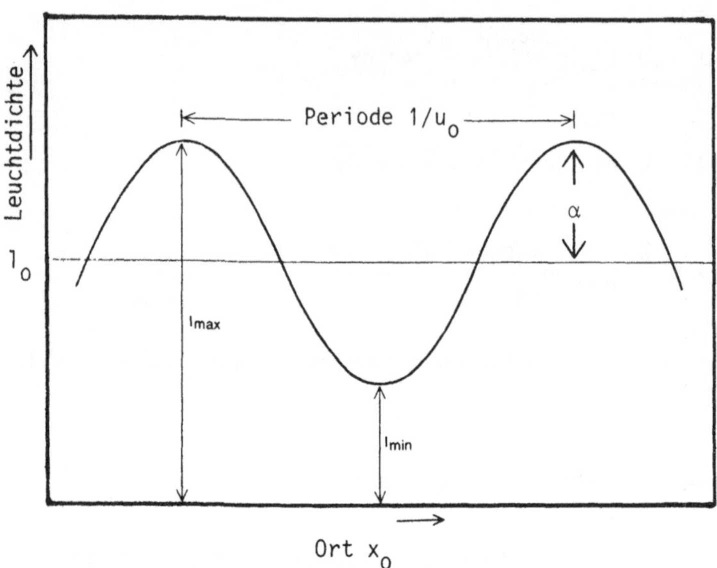

<u>Abb. 2.23</u>: Eindimensionale sinusförmige Leuchtdichteverteilung mit
der Ortsfrequenz u_o.

Eine lineare (optische) Abbildung ohne Maßstabsänderung transformiert
diese sin-Funktion mit der Frequenz u_o wieder in eine sin-Funktion mit
derselben Frequenz. Es ändert sich jedoch die Amplitude entsprechend
den obigen Ausführungen durch Multiplikation mit der Übertragungsfunktion D(u) für die Ortsfreuquenz u_o. In der Bildebene ergibt sich also
ohne Berücksichtigung einer möglichen Phasenänderung das Gitter

$$b(x) = l_o' + D(u_o) \cdot \alpha \cdot \sin 2\pi \, u_o x \tag{2.24}$$

mit

$$l_o' = D(o) \cdot l_o \quad .$$

Im allgemeinen wird D(o) = 1 angenommen, d.h. unter Benutzung von Gl.(2.22)

$$D(o) = \int\!\!\int_{-\infty}^{\infty} d(\underline{r}') \, dx' dy' = 1 \quad . \tag{2.25}$$

Für die Punktlichtquelle, deren Bild $d(\underline{r}')$ darstellt, gilt ebenfalls
(siehe Gl.(2.12))

$$\int\limits_{-\infty}^{\infty}\!\!\int \delta(\underline{r})\ dxdy = 1 \quad .$$

Mit der Festsetzung $D(o) = 1$ wird also gefordert, daß bei der Abbildung keine Lichtverluste entstehen z.B. durch Absorption oder Reflexion, sondern das gesamte Licht der Punktlichtquelle das Bild des Punktes erreicht.

Nach Gl.(2.24) ist der Betrag der Amplitude des Gitters $b(x)$ in der Bildebene $|D(u_0)|\cdot\alpha = \alpha'$, d.h. es gilt

$$|D(u_0)| = \frac{\alpha'}{\alpha} = \frac{\alpha'}{T_0} \cdot \frac{1_0}{\alpha} \quad .$$

Der optische Übertragungsfaktor oder Modulationsübertragungsfaktor M wird definiert als Quotient

$$M = \frac{m'}{m} = \frac{\alpha'}{T_0'} \cdot \frac{1_0}{\alpha} \quad . \tag{2.26}$$

Wegen der Festsetzung $D(o) = 1$ ergeben sich gleiche mittlere Leuchtdichten $1_0' = 1_0$, d.h. es gilt

$$|D(u_0)| = M \quad . \tag{2.27}$$

Im allgemeinen ändert sich bei einer Abbildung der Maßstab β und man erhält in der Bildebene eine Ortsfrequenz $u' = u/\beta$.

Wegen der Beziehung (2.26) nennt man die Übertragungscharakteristik $|D(u',v')|$ Modulations- bzw. Kontrastübertragungsfunktion (MÜF, KÜF). Sie ist im allgemeinen Fall eine Funktion der beiden Ortsfrequenzen u' und v' in der Bildebene. In der Literatur wird sie häufig einfach mit M bezeichnet, wobei meistens von der Abbildung eindimensionaler Gitter ausgegangen wird. Wegen der schwierigen technischen Herstellung von sinusförmigen Leuchtdichteverteilungen benutzt man oft auch Rechteckgitter ("Foucault-Gitter") entsprechend der in Abb. 2.24d dargestellten Verteilung.

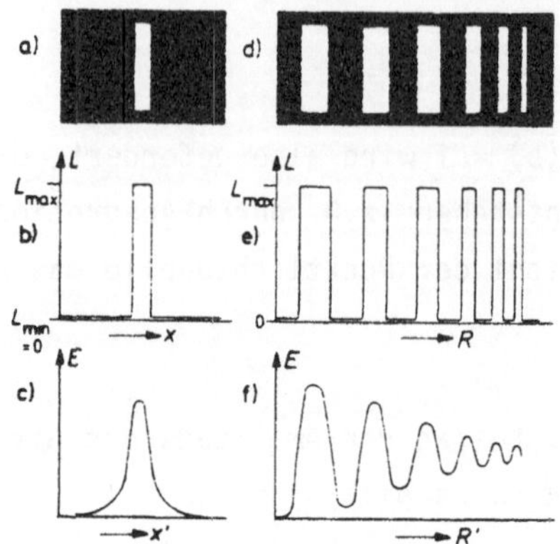

Abb. 2.24: Kontrastverminderung bei optischen Abbildungen.
a), b) Spalt mit Leuchtdichteverteilung, c) Beleuchtungsstärkeverteilung in der Bildebene, d), e) Spaltgitter mit
nach rechts zunehmender Ortsfrequenz und Leuchtdichteverteilung, f) Beleuchtungsstärkeverteilung in der Bildebene
(aus /2.10/).

Bei der Abbildung eines Gitters oder eines anderen Objektes durch ein
optisches System vermindert sich der Modulationsgrad oder Kontrast des
Bildes aufgrund von Beugung, Abbildungsfehlern oder Streulicht

$$m' < m \leq 1 \quad .$$

Mit Hilfe der Gln.(2.26) und (2.27) ergibt sich

$$|D(u)| = M < 1$$

für beliebige Ortsfrequenzen u.

Die Kontrastminderung bedeutet eine Umverteilung oder "Verschmierung"
der Lichtverteilung, die sich wegen der Beugung mit höher werdenden
Ortsfrequenzen immer stärker bemerkbar macht. In Abb. 2.24c),f) sind
diese Effekte am Beispiel eines eindimensionalen Rechteckgitters veranschaulicht.

Die durch Beugung gesetzten Grenzen des Auflösungsvermögens z.B. des
Auges lassen sich nach dem Kriterium von Rayleigh aus der Gleichung

$$\sin\alpha = 1.22\,\frac{\lambda}{d\cdot n}$$

berechnen.

α ist der kleinste noch auflösbare Sehwinkel, λ die Wellenlänge des Lichtes, d der Durchmesser der Eintrittspupille und n der Brechungsindex
z.B. des Glaskörpers des Auges. Bei einer Lichtwellenlänge λ = 555 mm
und einem Pupillendurchmesser d = 1.7 mm kann ein Sehwinkel von einer
Minute noch aufgelöst werden.

Die Unschärfe des Netzhautbildes der Schrift, die man auf der Sehprobentafel des Augenarztes gerade noch lesen kann, ist in Abb. 2.25 veranschaulicht.

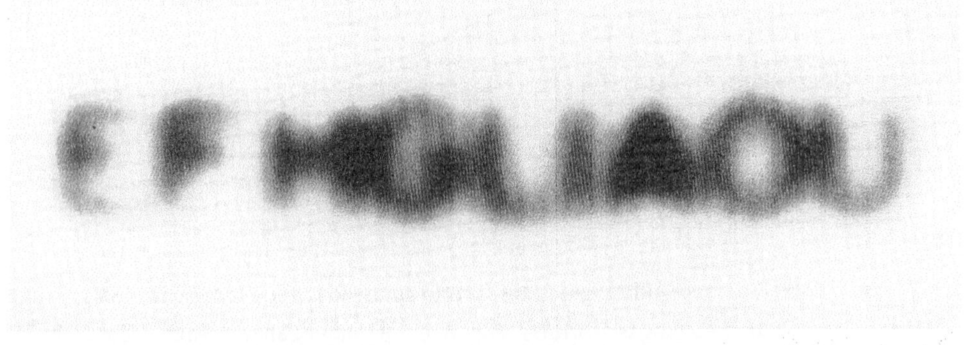

Abb. 2.25:   Unschärfe des Netzhautbildes einer gerade noch lesbaren
              Schriftprobe (aus /2.11/).

Die MÜF kann für einfache optische Systeme berechnet werden /2.12/. Auf
die entsprechenden Gleichungen soll hier verzichtet werden zugunsten von
graphischen Darstellungen.

Beispiel:
In Abb. 2.26 ist die Modulationsübertragungsfunktion für ein Kleinbild-
objektiv mit der Brennweite f = 30 mm und der Öffnung D(mm) für verschiedene Blendenzahlen K = f:D dargestellt.

Die Beugungsgrenze u_{gr} für K = 1 und eine Wellenlänge λ = 500 mm beträgt

$$u_{gr} = \frac{D}{\lambda \cdot f} = 2 \cdot 10^3 \frac{Linien}{mm}$$

in der Brennebene der Linse, was an dieser Stelle nicht abgeleitet werden soll. Unter Linien werden stets Linienpaare verstanden, d.h. ein heller und ein dunkler Streifen.

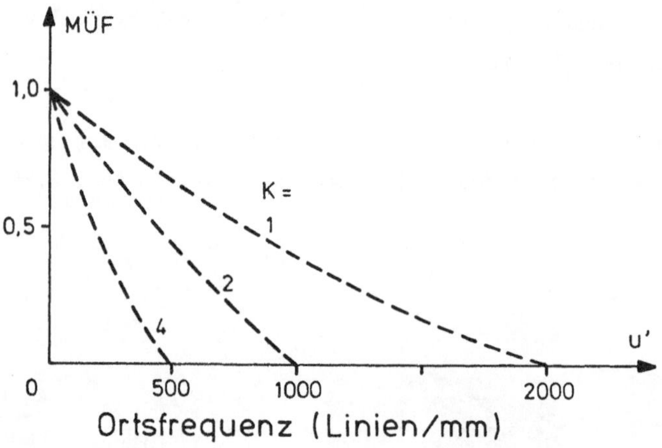

Abb. 2.26: Modulationsübertragungsfunktion eines idealen Objektivs
(nur Beugungseinfluß) für drei Blendenzahlen (aus /2.12/).

Wesentlich komplizierter als in dem eben gezeigten Beispiel ist die MÜF bei Defokussierung zu berechnen. In Abb. 2.27 soll lediglich die Tendenz der MÜF-Veränderungen bei zunehmender Defokussierung des Kleinbildobjektivs dargestellt werden.

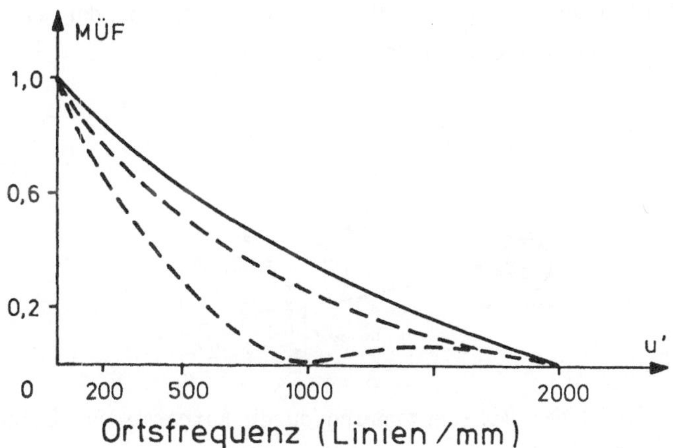

Abb. 2.27: Die Modulationsübertragungsfunktion bei Defokussierung.
Die durchgezogene Kurve ist die MÜF bei Scharfeinstellung,
die beiden strichlinierten Kurven entsprechen verschiedenen
Stufen der Defokussierung. Bez. Einzelheiten siehe /2.12/.

Die Qualität der photographischen Aufnahme wird jedoch meist mehr durch
den Film als durch das Objektiv beeinflußt: Ein 17-DIN-Film löst ca.
100 Linien/mm auf, ein 3-DIN-Reprofilm ca. 200 Linien/mm und Schichten
für Holographie ca. 2000 - 3000 Linien/mm.

In den meisten praktischen Fällen ist eine experimentelle Bestimmung der
MÜF erforderlich. Die Messung bei technischen Abbildungssystemen kann
nach dem vereinfachten Schema in Abb. 2.28 erfolgen /2.10/: In der Objektebene rotiert ein inkohärent beleuchtetes Gitter. Das Prüfsystem
bildet einen Gitterausschnitt in die Ebene eines sehr feinen Spaltes ab,
hinter dem sich ein lichtelektrischer Empfänger (Sekundärelektronenver-
vielfacher) befindet. Die Beleuchtungsstärke im Spalt wird durch einen
Oszillographen angezeigt, dessen Horizontalablenkung mit der Trommel-
umdrehung synchronisiert ist, so daß die Abzisse die Ortsfrequenz angibt.

Bei Übertragungsketten wie z.B. Photoaufnahme - Photoschicht - Fernseh-
abtastung des Bildes - Bildübertragung - Fernsehbildschirm ergibt sich
für eine bestimmte Ortsfrequenz die MÜF M_{ges} multiplikativ aus den

Modulationsübertragungsfunktionen M_i, i = 1,2, ..., n, der einzelnen
Systeme unter der Voraussetzung der Linearität:

$$M_{ges} = M_1 \cdot M_2 \cdot \ldots M_n \quad .$$

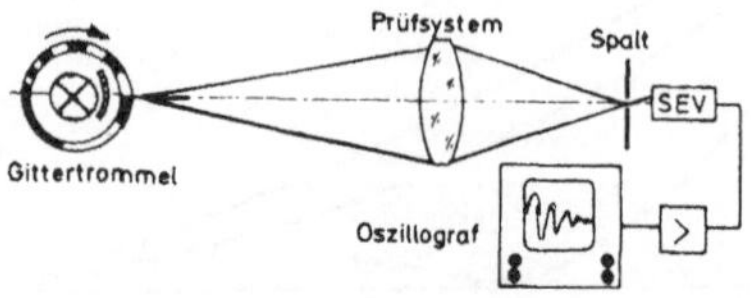

Abb. 2.28: Prinzip der MÜF-Bestimmung durch Aufnahme der Beleuchtungs-
stärke-Verteilerkurve (aus /2.10/).

Die Messung der MÜF des Auges kann mit Hilfe der in Abb. 2.29 schematisch dargestellten Apparatur erfolgen /2.13/. Ein Gitter ist im Brennpunkt einer Okularlinse angebracht. Eine Glühlampe mit Kollimatorsystem
beleuchtet das Gitter von rechts in der Abbildung. Das vom Gitter ausge-
hende Licht wird durch die Okularlinse gesammelt und fällt als paralle-
les Strahlenbündel ins Auge. Das von der Netzhaut reflektierte Licht
wird durch einen Strahlteiler abgelenkt und auf den Film einer Kamera
fokussiert, welcher anschließend mit einem Densitometer ausgewertet wird.

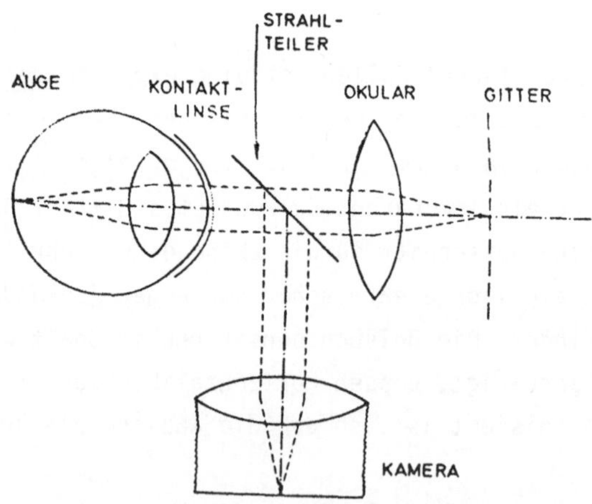

Abb. 2.29: Schematische Darstellung der Apparatur zur Messung der
MÜF des Auges (aus /2.13/).

In Abb. 2.30a und b sind Aufnahmen vom Augenhintergrund einer Katze mit
abgebildeten Rechteckgittern zu sehen. Bei Abb. 2.30a und b handelt es
sich um Gitter der Periodenlänge 48' bzw. 16', was 185 µm bzw. 62 µm
auf der Retina entspricht. Die "Verschmierung" der Kanten des Rechteckgitters ist in b) deutlich größer.

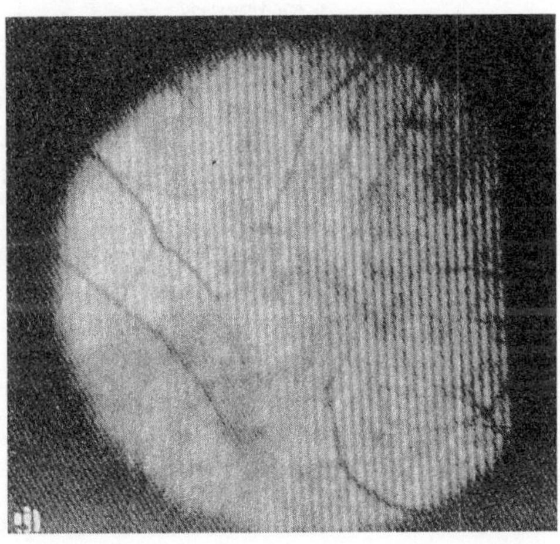

a)   b)

Abb. 2.30: Gitterbilder auf dem Augenhintergrund einer Katze. Die Periodenlänge auf der Netzhaut ist in a) 185 µm und in b) 62 µm,
was Periodenlängen von 48' und 16' in der Objektebene entspricht (aus /2.13/).

Die MÜF des menschlichen Auges wurde nach einer im Prinzip ähnlichen
Methode gemessen wie die in Abb. 2.29 dargestellte.

In Abb. 2.31a ist die MÜF des menschlichen Auges bei verschiedenen Pupillenweiten dargestellt. Deutlich erkennbar ist die Verschlechterung
der optischen Abbildung bei Pupillenweiten > 3 mm. In Abb. 2.31b ist die
MÜF sowohl für das menschliche Auge als auch für verschiedene Katzenaugen dargestellt. Man sieht, daß die Optik des menschlichen Auges
bessere Übertragungseigenschaften besitzt als das Katzenauge.

46

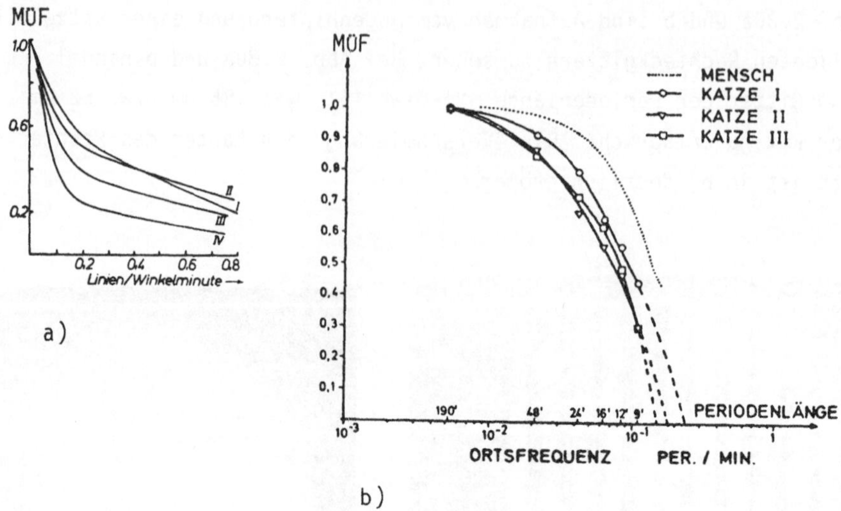

Abb. 2.31: In a) MÜF eines menschlichen Auges bei verschiedenen Pupillenweiten. Pupillendurchmesser: I : 2 mm, II : 2.8 mm,
III : 3.8 mm, IV : 5.8 mm (aus /2.12/). In b) ist bei ver-
ändertem Maßstab neben der MÜF des meschlichen Auges die
MÜF verschiedener Katzenaugen dargestellt (aus /2.13/).

Mit der experimentell bestimmten MÜF des Auges läßt sich die Lichtverteilung im Netzhautbild im Prinzip für beliebig geformte Reize berechnen.
Im folgenden wird die Vorgehensweise am Beispiel einfacher Lichtvertei-
lungen im Objektraum erläutert /2.13/.

<u>Scheiben:</u>

Das Netzhautbild b(r,R) von Scheiben im Objektraum, d.h.

$$o(r) = \begin{cases} 1 & \text{für } o \leq r \leq R \qquad \text{R: Scheibenradius} \\ o & \text{für } r > R \qquad \text{r: Abstand vom Scheiben-} \\ & \qquad\qquad\qquad\qquad\quad\text{zentrum} \end{cases}$$

wird bestimmt aus der Gleichung

$$b(r,R) = 2\pi R \int_0^\infty J_0(2\pi ru) \cdot J_1(2\pi Ru) \cdot D(u) \cdot du \qquad (2.28)$$

$$\text{mit} \quad u \quad = \quad \text{Ortsfrequenz}$$
$$D(u) \quad = \quad \text{MÜF}$$
$$J_{0,1} \quad = \quad \text{Besselfunktion 0., 1. Ordnung.}$$

Gemäß dieser Formel wurde die Lichtverteilung auf der Netzhaut für vier
Scheiben gleicher Leuchtdichte, jedoch mit verschiedenen Durchmessern
berechnet. Abb. 2.32 zeigt das Ergebnis, berechnet mit der MÜF des Kat-
zenauges aus Abb. 2.31b.

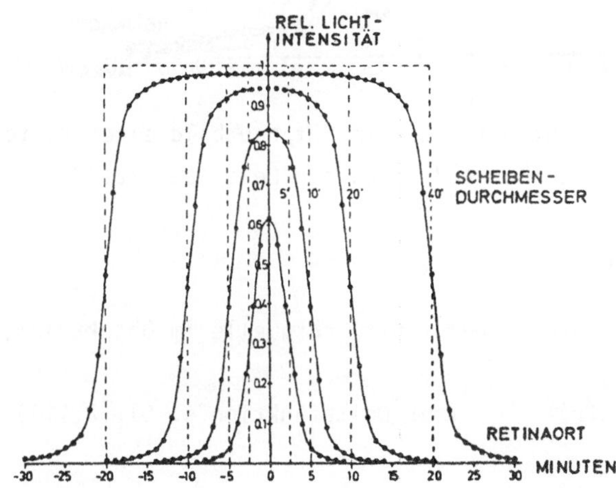

<u>Abb. 2.32</u>: Die Lichtverteilung im Retinabild von Scheiben verschiede-
nen Durchmessers (aus /2.13/).

<u>Kante:</u>

Die Berechnung des Netzhautbildes einer Kante erfolgt nach der Gl.(2.28)
mit R → ∞. Man faßt also die Kante als Scheibe mit unendlich großem
Durchmesser auf. In Abb. 2.33 ist die Lichtverteilung im Netzhautbild
der Kante zwischen einem schwarzen und weißen Feld dargestellt. Auf
der Abzisse ist der Abstand senkrecht zur Kantenrichtung, auf der Ordinate die Beleuchtungsstärke. Die strich-punktierte Linie zeigt das Leucht-
dichteprofil des Objekts.

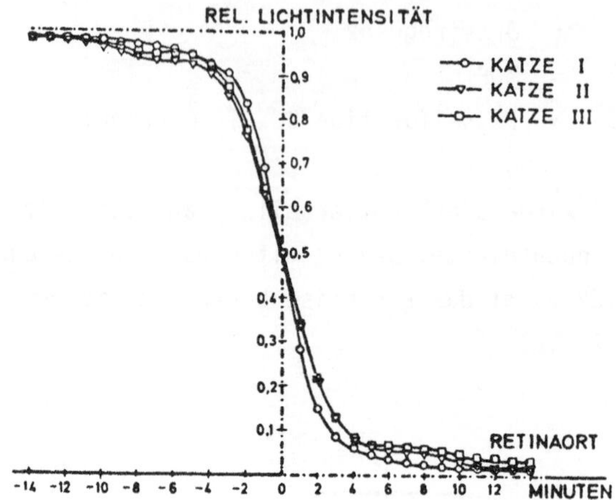

<u>Abb. 2.33:</u> Die Lichtverteilung im Netzhautbild einer Kante zwischen
einem weißen und schwarzen Feld (aus /2.13/).

<u>Punktlichtquelle:</u>

Das Netzhautbild p(r) einer Punktlichtquelle im Objektraum, d.h.

$$o(r) = \delta(r) \qquad \text{(zur Deltafunktion s. Gl.(2.11))}$$

wird bestimmt aus der Gleichung

$$p(r) = 2\pi \int_0^\infty J_0(2\pi ru) \cdot u \cdot D(u) \cdot du \qquad (2.29)$$

mit denselben Bezeichnungen wie in Gl (2.28). Die Lichtverteilung für
die Punktlichtquelle ist für die drei verschiedenen MÜF's aus Abb. 2.31b
in Abb. 2.34 dargestellt.

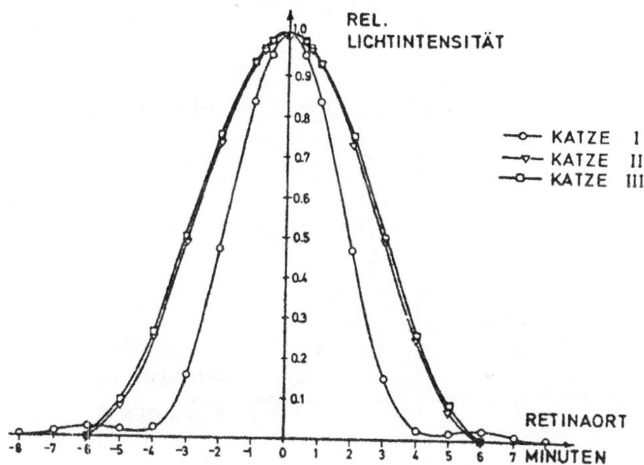

Abb. 2.34: Die Lichtverteilung im Netzhautbild einer Punktlichtquelle /2.13/.

Idealer Spalt:

Der ideale Spalt o(x,y) entsteht durch eine Aneinanderreihung von Punktlichtquellen längs einer Geraden. Nimmt man als Gerade die y-Achse, so
gilt

$$o(x,y) = \delta(x) = \begin{cases} o & \text{für } x \neq o \\ \infty & \text{für } x = o \end{cases} .$$

Das Netzhautbild b(x,y) ergibt sich aus der Gleichung

$$b(x) = \int_{-\infty}^{+\infty} p(r)\, dy' \quad \text{mit } r = (x^2 + y'^2)^{\frac{1}{2}}$$

$$p(r) : \text{Punktbild aus Gl.(2.29)} .$$

Die Abb. 2.35 zeigt die Lichtverteilung des Spaltbildes auf der Netzhaut der Katze und des Menschen.

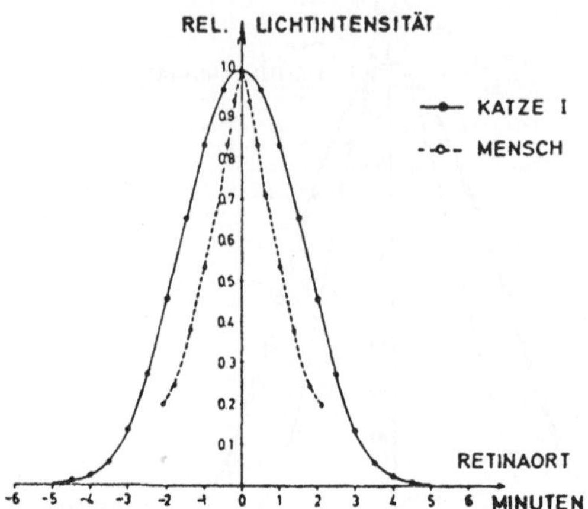

Abb. 2.35: Die Lichtverteilung im Netzhautbild des idealen Spaltes /2.13/.

Bringt man zwei parallele Spalte näher zusammen als 3.5', so erhält man
die Lichtverteilung in Abb. 2.36. Die beiden unteren Kurven sind die Ein-
zelspaltbilder, die obere Kurve ist ihre Summe, das ist die Lichtverteilung für den Doppelspalt. Da nur ein Maximum auftritt, kann dieser Doppelspalt nicht mehr aufgelöst werden.

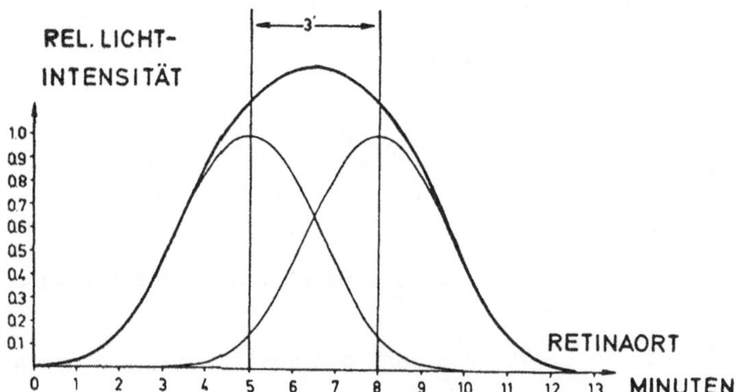

Abb. 2.36: Das optische Auflösungsvermögen für zwei parallele Spalte,
           berechnet mit der MÜF einer Katze. Der Spaltabstand 3' kann
           von der Katze nicht mehr aufgelöst werden (aus /2.13/).

Im Falle der Punktlichtquelle ergibt sich Gl.(2.29) durch Ausnutzen der
Eigenschaft der Rotationssymmetrie der Leuchtdichteverteilung. In diesem

Fall ist auch das Frequenzspektrum stets rotationssymmetrisch und hängt deshalb nur von einer Variablen $\rho = (u^2 + v^2)^{\frac{1}{2}}$ ab.

Die MÜF läßt sich <u>indirekt</u> durch Messen des Punktbildes, des Spaltbildes oder auch des Linienbildes bestimmen /2.14/, wobei sich das Linienbild aus der örtlichen Ableitung des Kantenbildes ergibt.

Die <u>entfernungsunabhängige Darstellung</u> in Grad oder Minuten Sehwinkel, wie in den Abb. 2.31-2.35, ist im biologischen Bereich üblich. Ortsfrequenzen werden als Perioden pro Grad (Sehwinkel) angegeben, was nach Abschnitt 2.2 Periode/0.3 mm = 3.3 Perioden/mm auf der Netzhaut entspricht.

Bisher haben wir uns auf die Berechnung von Netzhautbildern beschränkt. Im Vorgriff auf spätere Kapitel soll an dieser Stelle kurz auf die <u>Wahrnehmbarkeit</u> von Gittern eingegangen werden, die durch psychophysische Experimente ermittelt werden muß. Hier wird die <u>Modulation</u> von Sinus- oder Rechteckgittern solange verringert, bis sie gerade noch wahrnehmbar sind. Es ergeben sich <u>Schwellenkontraste</u>, die in Abhängigkeit von der Ortsfrequenz einen Verlauf haben wie in Abb. 2.37 dargestellt. Hier ist auf der rechten Ordinate der Kontrast (=Modulation) $m = k = (l_{max} - l_{min})/(l_{max} + l_{min})$ aufgetragen und auf der linken Ordinate die <u>Kontrastempfindlichkeit</u> $1/k$ in Abhängigkeit von der Ortsfrequenz. Die Maßstäbe sind logarithmisch gewählt. Für mittlere Ortsfrequenzen um 4 Perioden/Grad ist die Kontrastempfindlichkeit des menschlichen visuellen Systems am größten. Bei den optimalen Sichtbedingungen, wie sie den Meßwerten in Abb. 2.37 zugrundeliegen, ist ein Sinusgitter von 4 Perioden/Grad bei 0.4% Modulation noch wahrnehmbar.

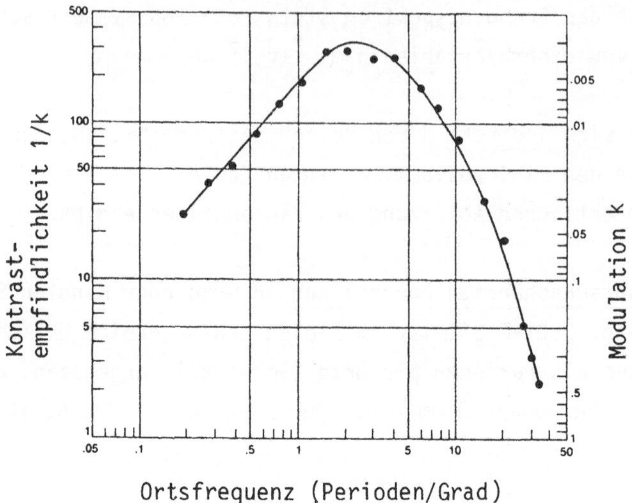

<u>Abb. 2.37</u>: Kontrastempfindlichkeit des Menschen als Funktion der
Ortsfrequenz (aus /2.14/).

Nimmt man Rechteckgitter statt Sinusgitter, so ändert sich der Kurvenverlauf nur für niedrige Ortsfrequenzen, wie aus Abb. 2.38 hervorgeht. In
dieser Abbildung erkennt man weiterhin, daß sich der Ortsfrequenzbereich
mit der besten Kontrastempfindlichkeit bei abnehmender Adaptationsleuchtdichte zu niedrigeren Ortsfrequenzen hin verschiebt. Das Bandpaßverhalten
geht in ein Tiefpaßverhalten über.

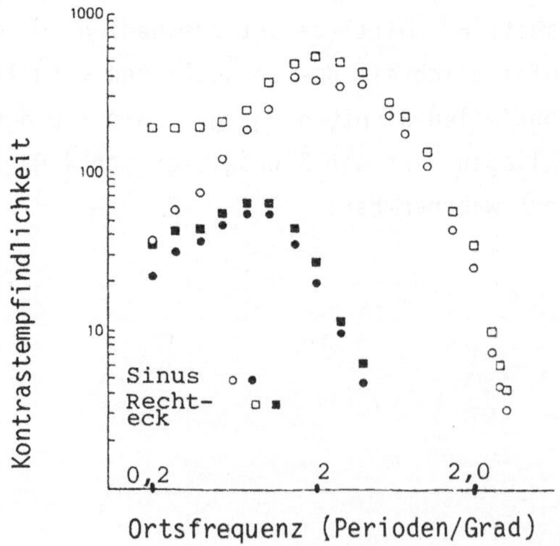

<u>Abb. 2.38</u>: Kontrastempfindlichkeit des Menschen für Sinus- und Rechteck-
gitter. Offene Symbole für eine mittlere Leuchtdichte von
500 cd/m^2, ausgefüllte Symbole für 0.05 cd/m^2 (aus /2.15/).

Diese Tendenz geht noch deutlicher aus Abb. 2.39 hervor, wo der Schwellenkontrast für vier unterschiedliche mittlere Leuchtdichten dargestellt ist.

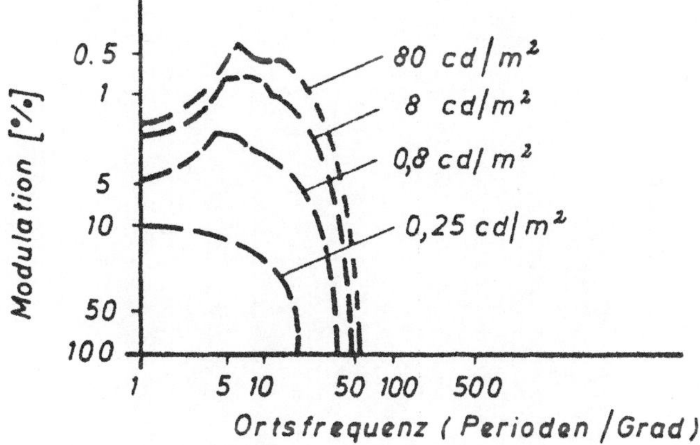

<u>Abb. 2.39</u>: Kontrastempfindlichkeit des Menschen als Funktion der Orts-
frequenz für vier verschiedene mittlere Helligkeiten der
Sinusgitter, d.h. für verschiedenen Adaptationsleuchtdichten
(aus /2.16/).

Sind die mittleren Leuchtdichten größer als 0.8 cd/m^2, dann erhält man
Maxima zwischen 3-10 Perioden/Grad. Diese Ortsfrequenzen können also bei
einer geringeren Modulation wahrgenommen werden als höhere oder niedri-
gere Ortsfrequenzen. Mit abnehmender Leuchtichte wird aus dem Bandpaß
ein Tiefpaß mit einer Begrenzungsfrequenz von 20 Perioden/Grad.

Umgeht man die Optik des Auges, so werden in der Fovea 60 Perioden/Grad
wahrgenommen (Sehschärfe = 2). Auf die Netzhaut umgerechnet, ergeben sich
200 Perioden/mm, was der Auflösung eines 12-DIN-Films entspricht.

Dieses örtliche Bandpaßverhalten unseres visuellen Systems kann unmittelbar durch Betrachten eines Sinusgitters mit variabler Frequenz und vari-
ablem Kontrast, wie es Abb.2.40 in schlechter Qualität wiedergibt, be-
stätigt werden. Hier verkleinert sich die Frequenz logarithmisch von
links nach rechts und der Kontrast erniedrigt sich logarithmisch von
unten nach oben. Bei geeignetem Beobachtungsabstand lassen sich die mittleren Frequenzen bei wesentlich niedrigeren Kontrasten (weiter oben) wahrnehmen als die hohen oder niedrigen Frequenzen.

Abb. 2.40: Sinusgitter mit logarithmischer Änderung der Ortsfrequenz
auf der Abzisse und logarithmischer Änderung des Kontrastes
auf der Ordinate /2.14/.

Mit Hilfe von Messungen des Schwellenkontrastes läßt sich die Zahl der
maximal auflösbaren Graustufen abschätzen. Aus Abb. 2.41 entnimmt man, daß
diese Zahl von etwa 200 bei Ortsfrequenzen von 5 Perioden/Grad auf 10 Grauwertstufen bei etwa 35 Perioden/Grad abnimmt. Das bedeutet, daß feine Bilddetails (hohe Ortsfrequenzen) mit relativ wenigen Grauwertstufen dargestellt werden können ohne wahrnehmbare Verschlechterung der Bildqualität.

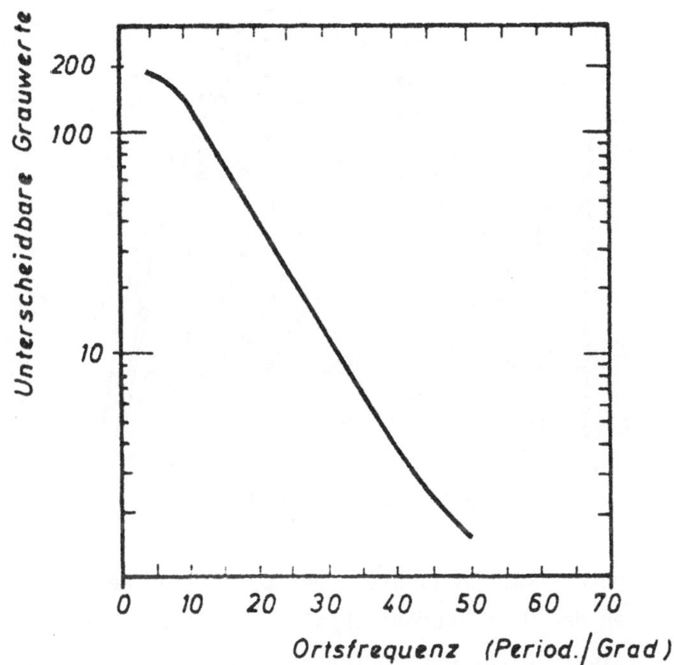

Abb. 2.41: Abschätzung der vom visuellen System maximal auflösbaren
Grauwertstufen in Abhängigkeit von der Ortsfrequenz der
Bildvorlage.

Der Schwellenkontrast hängt nicht nur von der Ortsfrequenz und der mittleren Leuchtdichte ab, sondern auch von der Position des Bildes auf der
Netzhaut und der zeitlichen Frequenz der Leuchtdichteveränderungen.

In Abb. 2.42 ist die Kontrastempfindlichkeit für Gitter dargestellt, deren
Netzhautbild 12° von der Fovea entfernt war (= 12° Exzentrizität).
Parameter ist die mittlere Leuchtdichte der Gitter in Troland (td).
1 td ist die Leuchtdichte, die eine leuchtende Fläche von 1 cd/m^2 bei
einer Pupillenfläche von 1 mm^2 auf der Netzhaut erzeugt.

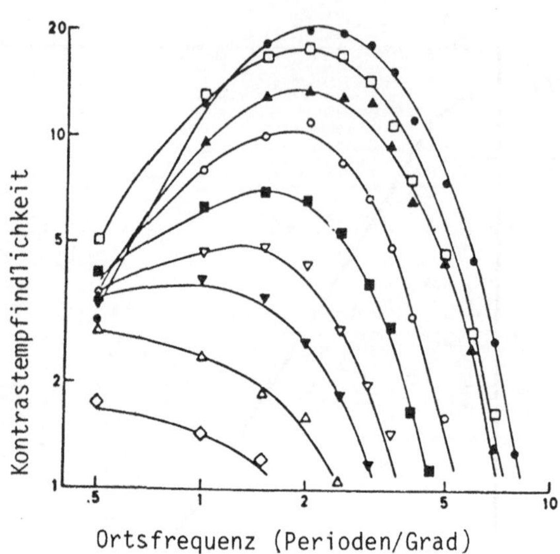

Abb. 2.42: Kontrastempfindlichkeit der peripheren Retina in Abhängigkeit von der Ortsfrequenz. Das 8°x3° große Gitter wurde mit 12° Exzentrizität dargeboten. Parameter ist die mittlere Leuchtdichte in Troland, die zwischen 31 td und 0.03 td in Schritten von 0.5 log-Einheiten geändert wurde /2.17/.

Gegenüber den Kurven in Abb. 2.37 und 2.38 hat die Kontrastempfindlichkeit deutlich abgenommen. Ortsfrequenzen größer als etwa 8 Perioden/Grad werden auch bei hohen Kontrasten nicht mehr wahrgenommen.

Neben den örtlichen sind in Abb. 2.43 auch <u>zeitliche Eigenschaften</u> des menschlichen Sehsystems berücksichtigt. Bei den hier zurgrundeliegenden mittleren Leuchtdichten der Gitter von 1000 td ist das Bandpaßverhalten sowohl im Ortsfrequenzbereich als auch im zeitlichen Frequenzbereich deutlich erkennbar. Die maximale Kontrastempfindlichkeit liegt bei etwa 4 Perioden/Grad bzw. bei etwa 6 Hz.

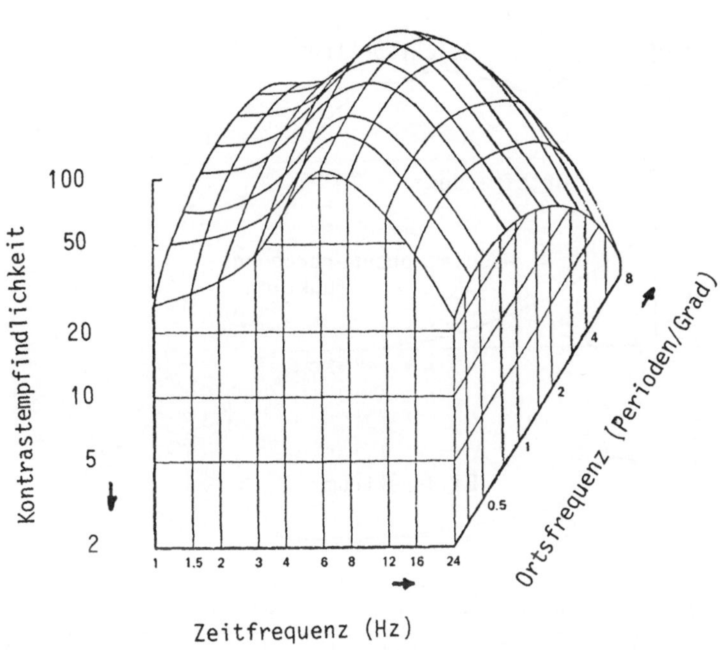

Abb. 2.43: Kontrastempfindlichkeit als Funktion von Orts- und Zeit-
frequenzen. Mittlere Leuchtichte 1000 td /2.19/.

2.5 Technische Maßnahmen zur Bildverbesserung

Aus dem letzten Kapitel geht hervor, daß bei jeder optischen Abbildung
das Fourier-Spektrum der Objekte verändert wird. An einem willkürlichen
Beispiel ist in Abb. 2.44 die Abschwächung der höheren Frequenzen veranschaulicht.

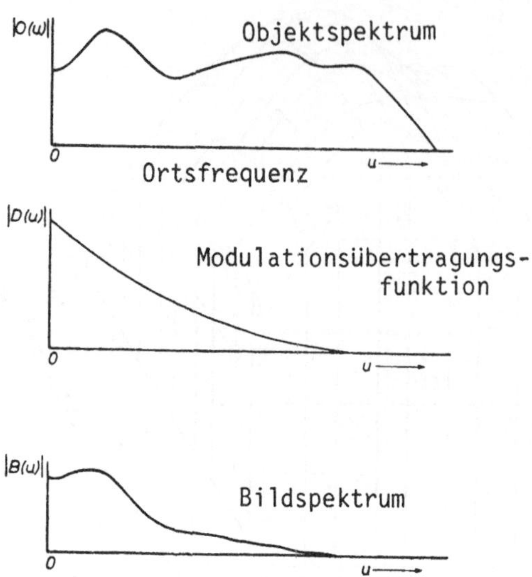

Abb. 2.44: Modifikation der Ortsfrequenzverteilung bei der optischen
Abbildung. Die Funktionen O(u), D(u) und B(u) sind die
Fourier-Transformierten des Objektes, des Punktbildes (Impulsfunktion) und des Bildes, welches reelle Funktionen sind.
Deshalb sind die Funktionen $|O(u)|$ usw. symmetrisch
$|O(u)| = |O(-u)|$ usw.

Bei jeder Transformation eines Bildes, z.B. durch Kopieren, Abtasten,
Funkübertragung oder bei der Darstellung auf einem Monitor, kann sich
die "Qualität" des Bildes verschlechtern aufgrund einer Kontrastverminderung, falsch gewählter Abtastschritte, Defokussierung, Bewegungsun-
schärfe, Rauschen im Übertragungskanal usw. Das bedeutet, daß die Bildinformation in bestimmten Ortsfrequenzbereichen durch einen Beobachter
nicht mehr ausgewertet werden kann, wie man sich anhand von Abb. 2.45
überzeugen kann. Hier ist sowohl die MÜF $|D(u)|$ eines willkürlichen
opto-elektronischen Systems dargestellt als auch der Verlauf des Schwellenkontrastes m_s eines Beobachters bei der Bilddarstellung dieses Systems.

Die Ortsfrequenz u_{max} des Schnittpunktes beider Kurven ist die höchste
Ortsfrequenz, die der Beobachter im Bild wahrnehmen kann. Alle höheren
Ortsfrequenzen können wegen des zu geringen Kontrastes nicht mehr wahrgenommen werden, während der Kontrast in dem schraffierten Bereich ausreichend ist zur Wahrnehmung aller Ortsfrequenzen $u < u_{max}$. Die Fläche

dieses Bereiches wird deshalb häufig als Maß für die Bildqualität verwendet. Sie heißt im Englischen MTFA (Modulation Transfer Function Area)

$$MTFA = \int_o^{u_{max}} \{|D(u)|-m_s(u)\}\,du \quad .$$

Der Schwellenkontrast des Beobachters für das betreffende opto-elektro-
nische System wird meist mit Hilfe eines Rechteckgitters gemessen (typi-
scherweise drei Linienpaare).

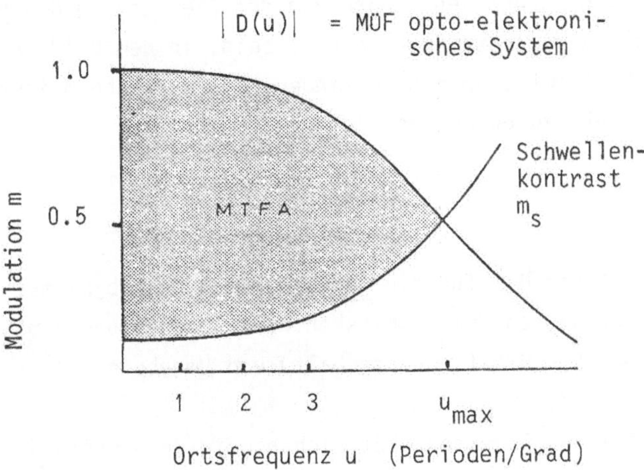

Abb. 2.45: Veranschaulichung des Konzeptes der MTFA als Maß für die
Bildqualität. Nur in dem schraffierten Bereich sind die
Kontakte genügend groß zur Wahrnehmung von Bildstrukturen.

In diesem Abschnitt soll über einige der Methoden berichtet werden, die
zu einer "Bildverbesserung" führen. Dieser Begriff kann bedeuten, daß die
Leuchtdichteverteilung des Bildes möglichst anzugleichen ist an die (ursprüngliche) Leuchtdichteverteilung des Objektes. Für den Fall, daß die
analytische Form der Transformationen, die zu einer Bildverschlechterung
führen, bekannt ist oder geschätzt werden kann , und die inverse Transformation zumindest näherungsweise implementiert werden kann, spricht
man von Bildrestauration (image restoration). Während die hier angewand-
ten mathematischen Verfahren (inverse digitale Filter) im allgemeinen
sehr aufwendig sind, beschränkt man sich bei der klassischen Bildverbesserung oder Bildanhebung (image enhancement) auf relativ einfache Methoden
wie z.B. Änderung des Grauwertmaßstabs für eine Kontrastverbesserung,

<u>Hochpaßfilterung</u> zur Hervorhebung feiner Objektdetails, d.h. hoher Orts-
frequenzen, <u>Glättungsoperationen</u> zur Unterdrückung hochfrequenter optischer Rauschanteile oder Korrekturen geometrischer Verzerrungen. Bei
der Anwendung dieser Verfahren werden Einflüsse auf die Bildqualität berücksichtigt, die den meisten opto-elektronischen Übertragungssystemen
gemeinsam sind und zu einer mehr oder weniger ausgeprägten Verschlechterung der Bildqualität führen.

Ob und in welchem Umfang eine Bildverbesserung durch solche Verfahren
erreicht werden kann, hängt sehr stark von der Zielsetzung des Betrach-
ters ab. Eine solche Zielsetzung kann z.B. sein, in dem Bild in möglichst
kurzer Zeit ein bestimmtes Objekt zu finden. Die Wahrscheinlichkeit p, in
der Zeit t das Objekt zu entdecken, ist

$$p = 1-e^{-\lambda t} \quad .$$

Der Parameter λ ist ein Maß für die <u>Auffälligkeit</u> des Objektes, welche
im wesentlichen von dessen Helligkeitskontrast abhängt und dem Struktur-
unterschied von Objekt (Ortsfrequenzgehalt) und Umgebung.

<u>Die Erkennbarkeit</u> eines Objektes läßt sich häufig verbessern durch Tief-
paßfilterung (Glättungsverfahren) oder durch Verstärkung von Kanten mit
Hilfe von Hochpaßoperationen jeweils in Abhängigkeit von der Art des
optischen Rauschens.

Im folgenden soll ausführlich auf <u>digitale Verfahren</u> zur Änderung des
Grauwertmaßstabes für eine Kontrastverbesserung eingegangen werden /2.9/,
da optische Verfahren in vielen Fällen nicht realisierbar (keine Schwell-
wertoperationen) oder viel zu aufwendig sind.

Eine Transformation aller Grauwerte $z = f(x,y)$ eines gegebenen Bildes
in eine neue Grauwertverteilung z' sei definiert durch

$$z' = t(z) \quad .$$

Der Grauwertbereich $[z_1, z_K]$ des alten Bildes soll sich bei der Transformation nicht ändern:

$$z_1 \leq z \leq z_k \quad \text{und} \quad z_1 \leq z' \leq z_K \quad .$$

Für den Fall, daß Geräte zur Bildaufnahme einen zu kleinen Dynamikbereich haben und deshalb nur einen Teilbereich [a,b] $\subseteq$ [z_1,z_K] ausnutzen, oder für den Fall einer Unterbelichtung, läßt sich der vorhandene Grauwertbereich leicht auf den vollen Bereich [z_1,z_K] dehnen.

In Abb. 2.46a ist eine spezielle Transformation dargestellt. Hier werden die Grauwerte unterhalb einer Schwelle m_s erniedrigt und oberhalb von m_s angehoben. In Abb. 2.46b ist ein Grenzfall dieser Transformation dargestellt. Hier sind im transformierten Bild nur noch zwei Grauwerte enthalten, d.h. man erhält ein <u>Binärbild</u>.

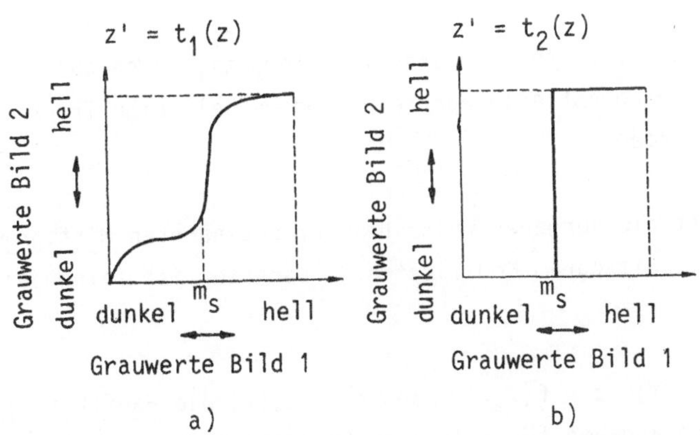

<u>Abb. 2.46</u>: Grauwerttransformationen zur Kontrastanhebung. In a) werden alle Grauwerte <m_s komprimiert und alle Grauwerte >m_s gedehnt. In b) erhält man ein Binärbild.

Angenommen, der Grauwertbereich [a,b] ist in [z_1,z_K] enthalten und für alle Grauwerte z des Originalbildes gilt a $\leq$ z = f(x,y) $\leq$ b. Für die Grauwerte z' des transformierten Bildes soll gelten $z_1 \leq z' \leq z_K$. Die entsprechende lineare Transformation lautet

$$z' = \frac{z_K - z_1}{b-a}(z-a)+z_1 = \frac{z_K - z_1}{b-a}\,z + \frac{z_1 b - z_K a}{b-a} \quad .$$

Diese Transformation läßt sich auch stückweise ausführen, d.h. bestimmte Grauwertbereiche werden gedehnt für eine bessere Detailerkennbarkeit zu

Lasten anderer Bereiche, die komprimiert werden.

Ein einfaches Beispiel verdeutlicht diese Vorgehensweise: Angenommen, der Grauwertbereich ist $[z_1,z_K] = [0,30]$. Die Transformation

$$z' = \begin{cases} z/2 & \text{für } z \leq 10 \\ 2z-15 & \text{für } 10 \leq z \leq 20 \\ (z/2)+15 & \text{für } 20 \leq z \leq 30 \end{cases}$$

komprimiert die Grauwertbereiche $[0,10]$ und $[20,30]$ und dehnt den Bereich $[10,20]$ mit dem Faktor 2. Je nachdem, ob die Steigung der entsprechenden Geradenstücke größer oder kleiner Eins ist, wird eine Kontrastvergrößerung oder -verkleinerung bewirkt.

Natürlich kann statt dieser linearen Transformation eine quadratische, logarithmische, exponentielle oder eine andere beliebige Transformation implementiert werden.

Etwas anders ist die Vorgehensweise bei der sogenannten Histogramm-Modifizierung (engl. Histogram Modification). Darunter ist folgendes zu verstehen:

Gegeben sei ein Bild $z = f(x,y)$. Dann soll $p_f(z)$ die Häufikeit eines Grauwertes z im Bild angeben für alle z im Gesamtbereich $[z_1,z_K]$ des Bildes, z.B. kann sich für $p_f(z)$ der in Abb. 2.47 dargestellte Verlauf ergeben.

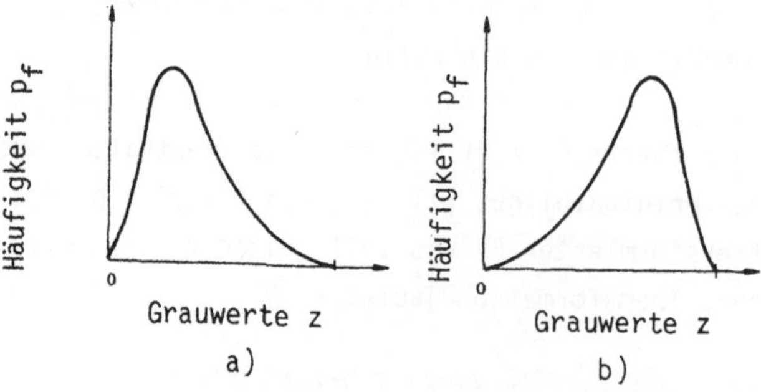

Abb. 2.47: Histogramm von Grauwerten für ein dunkles Bild in a) und ein helles Bild in b).

Die Darstellung von $p_f(z)$ als Funktion der Grauwerte z wird als <u>Histo-gramm des Bildes</u> f(x,y) bezeichnet mit der Normierung

$$\int_{z_1}^{z_K} p_f(z)\, dz = \text{Gesamtzahl der Bildpunkte} \quad .$$

Ergeben sich bei einer Quantisierung von f(x,y) die Grauwerte $z_1, \ldots, z_K$, dann enthält das Histogramm K diskrete Balken. Ein Beispiel für ein bimodales Histogramm zeigt Abb. 2.48.

a) 

b) 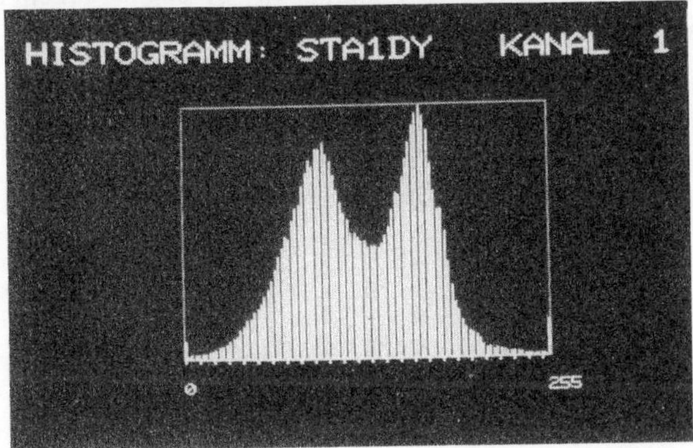

Grauwerte $\longrightarrow$

<u>Abb. 2.48</u>: Dorflandschaft in a) mit dazugehörigem Grauwerthistogramm in b). Durch die dunkle Vegetation (1. Gipfelbereich) und die hellen Straßen und Häuserdächer (2. Gipfelbereich) er-gibt sich eine bimodale Verteilung.

Bei der Histogramm-Modifizierung werden die Grauwerte so transformiert, daß ein bestimmter Verlauf, der häufig analytisch vorgegeben wird, möglichst gut approximiert wird, z.B. kann eine Gleichverteilung (Histogram Equalization) angestrebt werden, wenn sich bei gleicher Häufigkeit aller Grauwerte die beste Bildqualität ergibt.

Zuletzt soll noch kurz auf <u>Filteroperationen</u> im Ortsfrequenzbereich eingegangen werden. Wie wir im letzten Kapitel gesehen haben, besitzt der Mensch in einem mittleren Ortsfrequenzbereich um 4 Perioden/Grad die beste Kontrastempfindlichkeit, während zu höheren Ortsfrequenzen hin die für eine Wahrnehmung notwendigen Kontraste sehr schnell zunehmen. Deshalb erleichtert die <u>Kontrastverstärkung hoher Ortsfrequenzen</u> ganz erheblich die Auswertung von Detailinformation, z.B. im medizinischen Bereich die Auswertung von Röntgenbildern.

<u>Glättungsoperationen</u> sind dann günstig, wenn hochfrequentes optisches Rauschen zu einer <u>Maskierung</u> der niederen Ortsfrequenzen führt. In dem bekannten Beispiel des gerasterten Kopfes von Lincoln kann dieser Maskierungseffekt sehr deutlich beobachtet werden. In Abb. 2.49a ist ein sogenanntes Blockbild dargestellt mit einer Bildhöhe von 20 Blöcken, d.h. die Ortsfrequenz des "Nutzsignals" ist $w = 10$ Perioden/Bildhöhe. Das Bild in b) entsteht aus a) durch Tiefpaßfilterung bis 1.26 w, das Bild in c) durch Tiefpaßfilterung bis 4.06 w. Das Bild in d) entsteht durch Eliminierung aller Frequenzen in dem Frequenzband 1.22 w bis 3.94 w, d.h. etwa der beiden Oktaven oberhalb der eigentlichen Bildinformation.

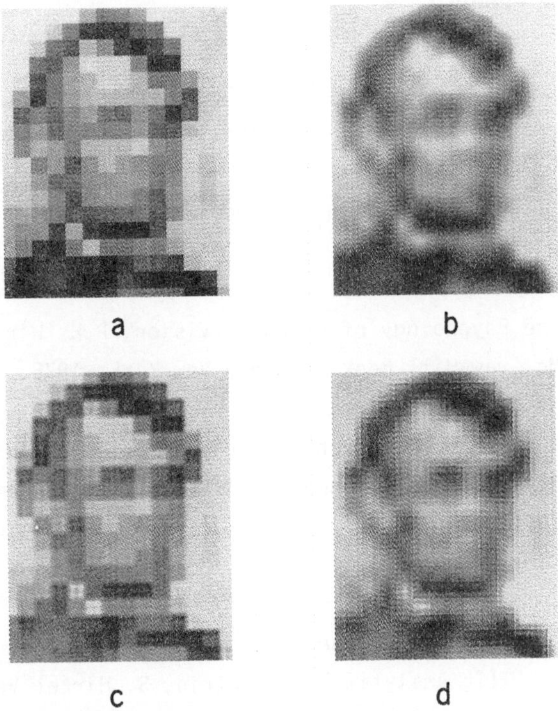

a   b

c   d

Abb. 2.49: Ortsfrequenzfilterung des Blockbildes von Lincoln /2.18/. Die maximale Ortsfrequenz des Nutzsignals beträgt 10 Perioden/Bildhöhe. Die in den Blockkanten in a) enthaltenen hochfrequenten Rauschanteile werden durch verschiedene Filter eliminiert (siehe Text).

Literatur zu Kapitel 2

/2.1/   Computer Vision Systems, S. 7, A.R. Hanson und E.M. Riseman
         (Edts), Academic Press, New York, 1978.

/2.2/   G. Schröder, Technische Optik, S. 74, Vogel-Verlag,
         Würzburg 1974.

/2.3/   The Psychology of Computer Vision, P.H. Winston (Edt.),
         Mc Graw-Hill Book Company, New York, 1975.

/2.4/   F. Röcker, Zum Problem der automatischen Analyse drei-
         dimensionaler Szenen, Bericht Nr. 33 aus dem Forschungs-
         institut für Informationsverarbeitung und Mustererkennung,
         Karlsruhe, 1976.

/2.5/   B. Baule, Die Mathematik des Naturforschers und Ingenieurs,
         Bd. III, Analytische Geometrie, S. Hirzel Verlag, Leipzig,
         1976.

/2.6/   W. J. Smirnow, Lehrgang der höheren Mathematik, Bd. III,
         1, VEB Deutscher Verlag der Wissenschaften, Berlin, 1955.

/2.7/   R. Röhler, Informationstheorie in der Optik, Wissenschaft-
         liche Verlagsgesellschaft m.b.H., Stuttgart, 1967.

/2.8/   R.C. Gonzales, P. Wintz, Digital Image Processing,
         Addison-Wesley Publishing Company, London, 1977.

/2.9/   A. Rosenfeld und A. Kak, Digital Picture Processing,
         Academic Press, New York, 1976.

/2.10/   siehe /2.2/ Seite 175.

/2.11/   H. Schober, J. Rentschler, Optische Täuschungen in Wissenschaft und Kunst, Heinz Moos Verlag, München, 1972.

/2.12/   siehe /2.7/ Seite 63 ff.

/2.13/   H. Wässle, Untersuchungen zur Physiologie der Sehschärfe, Dissertation Universität München, 1971.

/2.14/   F.W. Campbell, L. Maffei, Contrast und Spatial Frequency, Scientific American, Nov. 1974.

/2.15/   J. Overington, Vision and Acquisition, p. 75, Pentech Press, London, 1976.

/2.16/   A.S. Patel, Spatial Resolution by the Human Visual System. The Effect of Mean Retinal Illuminance, Journal of the Optical Society of America, Vol. 56, pp. 689 - 694, 1966.

/2.17/   J.M. Daitch, D.G. Green, Contrast Sensitivity of the Human Peripheral Retina, Vision Research, Vol. 9, pp. 947 - 952, 1969.

/2.18/   L.D. Harmon, B. Julesz, Marking in Visual Recognition: Effects of Two-Dimensional Filtered Noise, Science, Vol. 180, pp. 1194-1197, 1973.

/2.19/   D.H. Kelley, Adaptation Effects on Spatio-Temporal Sine-Wave Thresholds, Vision Research, Vol.12, 99. 89-101, 1972.

3. Filteroperationen der Retina

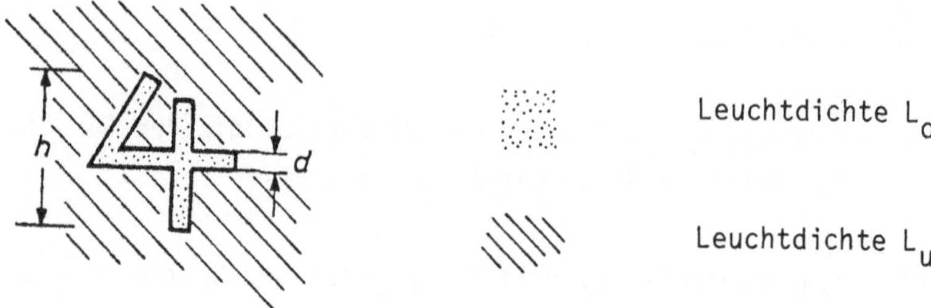

<u>Abb. 3.1:</u> Für die Sichtbarkeit eines Objektes wie z.B. der Ziffer 4
müssen bestimmte Mindestabstände h, d und bestimmte Mindest-
leuchtdichten L_o, L_u vorhanden sein.

Um ein Objekt wie beispielsweise die Ziffer 4 in Abb. 3.1 wahrnehmen
zu können, müssen mindestens die folgenden Bedingungen erfüllt sein:

- Die Dicke d und der Abstand einzelner Linienelemente wie z.B. die
  Höhe h müssen bestimmte Mindestwerte besitzen entsprechend dem
  <u>Auflösungsvermögen</u> des Auges.

- Der Abstand Auge - Objekt muß so gewählt werden, daß eine Scharfeinstellung durch <u>Akkomodation</u> des Auges möglich ist.

- Die Linienelemente müssen einen bestimmten <u>Mindestkontrast</u> K gegenüber ihrer unmittelbaren Umgebung besitzen, wobei einfachheits-
  halber hier und in den folgenden Abschnitten die Farbe nicht berücksichtigt wird. Der Kontrast K ist ein Maß für den Leuchtdichteunterschied eines Objektes mit der Leuchtdichte L_o und dessen unmittelbarer Umgebung mit der Leuchtdichte L_u.

- Mit abnehmender Beleuchtungsstärke wie z.B. beim Tag-Nachtübergang
  wird ein Objekt zunehmend schlechter wahrgenommen, obgleich sich
  der Kontrast K nicht ändert. Das bedeutet, daß zusätzlich zu einem
  Mindestkontrast noch <u>Mindestleuchtdichten</u> für das Objekt und/oder
  die Umgebung gefordert werden müssen.

- Das Auge hat die Fähigkeit, sich über einen sehr großen Leuchtdichtebereich an die aktuelle Gesichtsfeldleuchtdichte anzupassen, wozu jedoch eine bestimmte Zeit erforderlich ist. Wenn diese für den <u>Adaptationsvorgang</u> erforderliche Zeit nicht zur Verfügung steht, kann ein Objekt unsichtbar bleiben, das bei optimaler Adaptation gut sichtbar wäre.

- Das Auge integriert die einfallende Lichtverteilung sowohl örtlich als auch zeitlich. Neben einer ausreichenden Objektgröße ist auch eine <u>Mindestzeit</u> bei der Darbietung erforderlich. Bei bewegten Reizen muß die Geschwindigkeit so gewählt werden, daß das Auge mit Hilfe von Folgebewegungen das Objekt hinreichend lange fixieren kann.

Während im letzten Kapitel die optischen Abbildungseigenschaften des Auges im Vordergrund standen, soll im folgenden näher auf die zeitlichen-örtlichen Filtereigenschaften der Retina eingegangen werden.

3.1 Nervöse Verschaltung, Rezeptive Felder

Empfängerfläche ist die Netzhaut (<u>Retina</u>) des Auges. Sie enthält vier horizontal und vertikal verknüpfte Nervenzellschichten. Diese transformieren nicht nur eine zweidimensionale Leuchtdichteverteilung in ein elektrisches Impulsmuster der etwa eine Million Sehnervenfasern, sondern haben darüber hinaus auch eine vorverarbeitende Funktion wie z.B. die der Kontrastverschärfung und der Adaption an verschiedene Leuchtdichten.

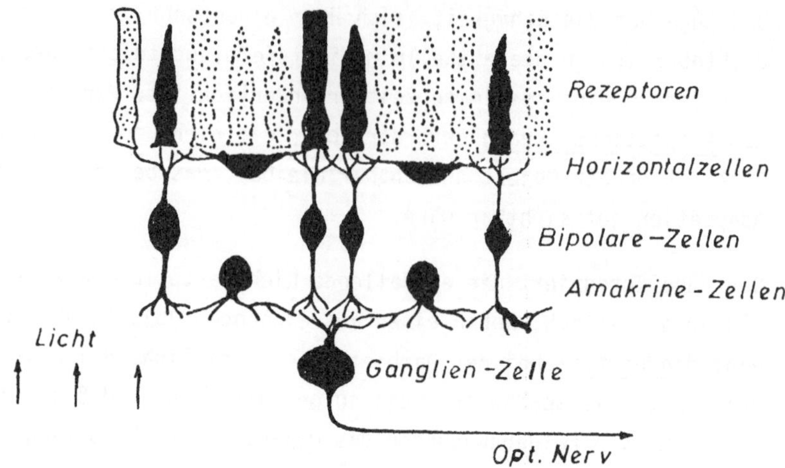

Abb. 3.2: Horizontale und vertikale Verknüpfungen der vier Nervenzellschichten der Retina. Das Verarbeitungsergebnis wird
in der Ganglienzelle pulskodiert und im opt. Nerv weiter-
geleitet. Man beachte den Lichteinfall.

Die Retina weist zwei auffallende Stellen auf: den blinden Fleck und
die Netzhautgrube (Fovea). An der Stelle des blinden Flecks besitzt
die Retina keine Rezeptoren, da hier die Nervenfasern aus dem Aug-
apfel heraustreten und als Sehnerv zu den höheren Verarbeitungs-
zentren des Gehirns führen. Es gibt zwei verschiedene lichtempfind-
liche Rezeptortypen: Stäbchen und Zapfen, die unterschiedlich verteilt sind wie aus Abb. 3.3 hervorgeht. Im Bereich der Fovea hat
die Verteilung der etwa 7 Millionen Zapfen ein scharfes Maximum.
Hier, in unmittelbarer Nähe der optischen Achse, befindet sich auf
einer Fläche von ca. 1 mm² der Bereich des schärfsten Sehens. Wegen
der sehr schnellen Abnahme der Sehschärfe mit dem Abstand vom Zentrum
der Fovea beschränkt man i.a. den Bereich des schärfsten Sehens auf
1° Sehwinkel, das entspricht im Objektraum einer Fläche von 2,5 cm²
in 1 m Entfernung.

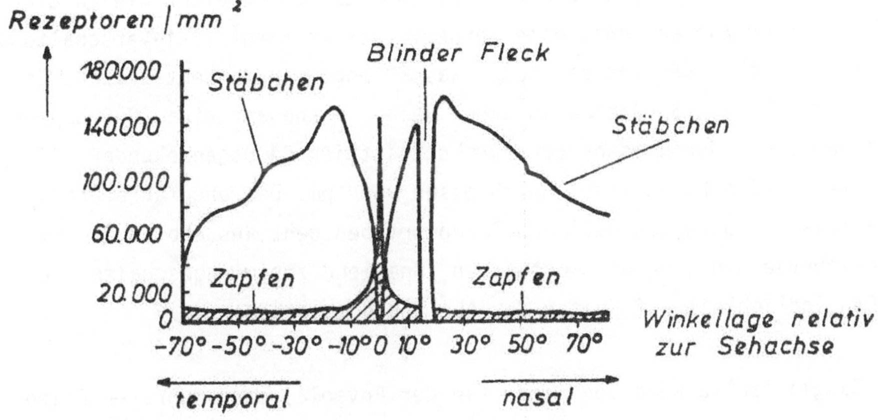

Abb. 3.3: Dichte der Zapfen und Stäbchen entlang des horizontalen
Meridians der Retina /3.1/.

Während die Zapfen das Sehen bei hellem Tageslicht ermöglichen und uns
die Farbeindrücke vermitteln, bestimmen die Stäbchen den Sehvorgang
bei geringer Helligkeit. Mit ihnen ist kein Farbensehen möglich. Die
Dichte der etwa 120 Millionen Stäbchen weist in der Fovea ein Minimum
auf und bei ca. 20° Abstand von der Fovea (20° Exzentrizität) ein Maximum.

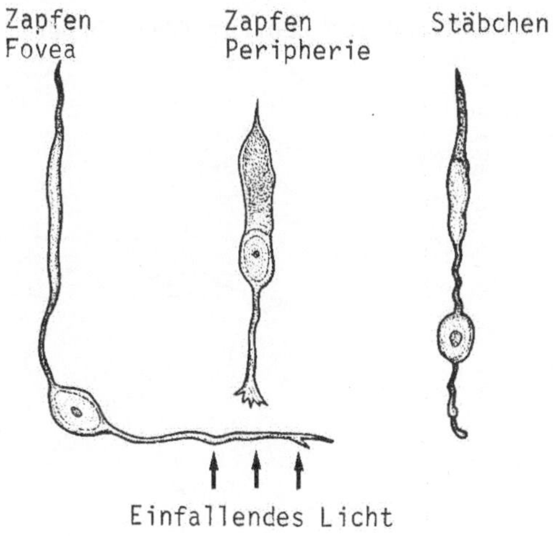

Abb. 3.4: Verschiedene Rezeptortypen in der Retina: Stäbchen und Zapfen.

Das Zentrum der Fovea (Foveola), in dem die Zapfen ungefähr gleich dick
sind und jeder Zapfen genau eine Sehnervfaser versorgt (1-1-Verschaltung),
hat einen Durchmesser von ca. 100µ, was 20 Bogenminuten entspricht. Es
enthält gewöhnlich 50 Zapfen in einer Reihe, insgesamt etwa 2000 Zapfen
mit einem Zapfendurchmesser von durchschnittlich 24 Bogensekunden. Die
kleinsten Zapfen haben einen Durchmesser von 1µm. Das ungefähre Größen-
verhältnis der unterschiedlichen Rezeptortypen geht aus Abb. 3.4 hervor.
Zu Peripherie hin sind die Rezeptoren zunehmend zusammengeschaltet, um
die Empfindlichkeit auf Kosten der Auflösung zu erhöhen.

Jede Ganglienzelle wird von einem (in der Foveola) oder mehreren Rezeptoren versorgt, welche einen Einzugsbereich mit einer bestimmten Fläche
bilden. Ein Lichtreiz innerhalb dieser Fläche führt zu einer Reaktion
der Ganglienzelle. Der Einzugsbereich heißt <u>rezeptives Feld (RF)</u>.

In Abb. 3.5 A ist die horizontale Verästelung (<u>Dendritenbaum</u>) einer
Ganglienzelle der Retina gut erkennbar. In Abb. 3.5 B ist ein Raster
über den Dendritenbaum einer anderen Ganglienzelle gelegt, wobei die
Größe jedes Rasterquadrates etwa 4 Rezeptoren entspricht. Durch die
Kreise werden verschiedene Lichtreize simuliert. In Abb. 3.5 C und D
ist die Dichte des Dendritenbaumes in horizontaler Richtung (durchgezogene Linie) bzw. vertikaler Richtung (gestrichelte Linie) aufgetragen in Abhängigkeit vom Abstand zum Zentrum (Zellkörper).

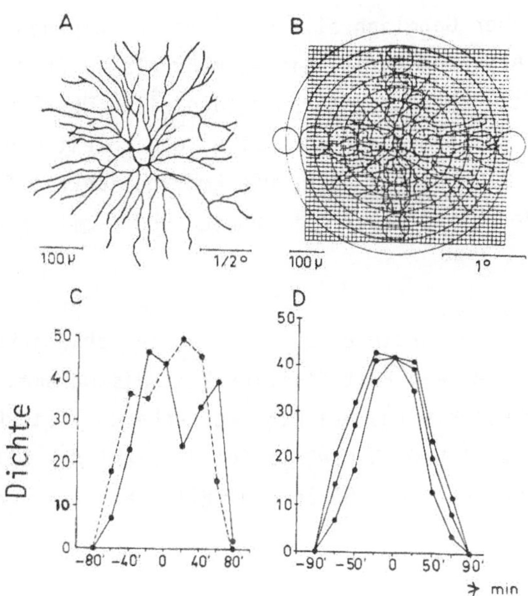

Abb.3.5: Morphologie und Dichteverteilung der dendritischen Ver-
zweigungen einer retinalen Ganglienzelle. In A Dendritenbaum. In B ein Rasterfeld zur Bestimmung der Dichteverteilung. In C und D die Dichteverteilung für verschiedene
Ganglienzellen /3.2/.

Jede retinale Ganglienzelle wird von einem kreisförmigen Gebiet der Rezeptorschicht erregt (rezeptives Feldzentrum, RFZ) und von einem konzentrischen, größeren kreisförmigen Gebiet gehemmt (rezeptive Feldperipherie, RFP). Dabei gibt es zwei Typen von Ganglienzellen, die
ON-Zellen und OFF-Zellen, die folgendermaßen auf das Einbringen
eines hellen bzw. eines dunklen Punktes in ihr RF reagieren.

		heller Punkt	dunkler Punkt
ON-Zelle	Zentrum	Erregung	Hemmung
	Peripherie	Hemmung	Erregung
OFF-Zelle	Zentrum	Hemmung	Erregung
	Peripherie	Erregung	Hemmung

Die Größe des RF einer Ganglienzelle variiert von wenigen Minuten im
fovealen Bereich (Area Centralis) bis zu mehr als 10 Grad am Rande des
Gesichtsfeldes. Die RF benachbarter Ganglienzellen überlappen sich
stark, so daß ein Lichtpunkt auf der Retina gleichzeitig viele Ganglienzellen erregen bzw. hemmen kann. Die Empfindlichkeit für einen
Lichtreiz ist in der Mitte des RF am größten und nimmt gegen den Rand
hin ab.

In Abb. 3.6 ist die Impulsrate einer ON-Zelle in Abhängigkeit von der
Zeit dargestellt, d. h. ein Post-Stimulus-Zeit-Histogramm. Der Lichtreiz von 20' Durchmesser wurde bei 0.5 sec. angeschaltet. Nach einer
Totzeit oder Latenzzeit von 50 msec steigt die Zahl der Entladungen
innerhalb von 30 msec auf ca. 350 an und fällt nach weiteren 30 msec
auf ca. 170 ab.

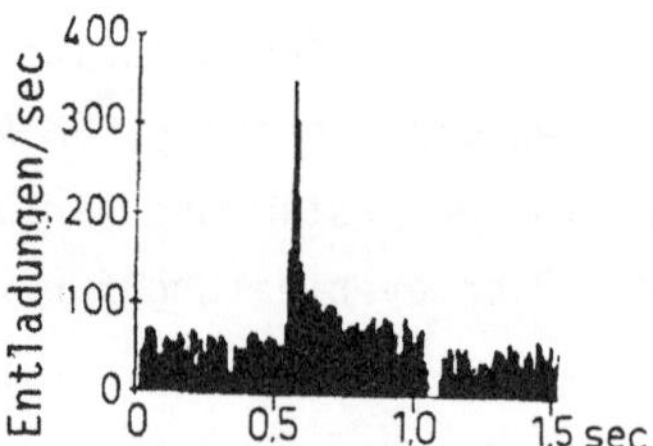

Abb. 3.6: Post-Stimulus-Zeit-Histogramm einer On-Zentrum-Ganglienzelle.
Die Leuchtdichte des Rechteckreizes von 500 msec Dauer war
3 cd/m² bei einer Hintergrundsbeleuchtdichte von $2 \cdot 10^{-1}$ cd/m².
Die kreisförmige Reizfläche im Feldzentrum hatte einen Durchmesser von 20' /3.14/.

Die Rezeptorschicht ist die Eingangsebene und die Ganglienzellschicht
die Ausgangsebene des Nervennetzwerkes, welches in der Retina eine Vor-
verarbeitung des Bildes durchführt und deren Eigenschaften recht gut
mit den Methoden der linearen Systemtheorie beschrieben werden können.
Vereinfachend wird oft eine homogene Struktur des Netzwerkes angenommen,
in welchem das RF die Art der Verknüpfung zwischen Eingangs- und Ausgangsebene festlegt. Jeder Punkt der Ausgangsebene ist mit jedem Punkt
innerhalb eines bestimmten örtlichen Bereiches der Eingangsebene, d.h.
des rezeptiven Feldes verbunden, wobei ortabhängige Gewichtsfaktoren
festlegen, ob eine erregende oder hemmende Verknüpfung vorliegt.

In Abb. 3.7 ist ein sehr vereinfachtes Modell der Retina dargestellt.
Der besseren Übersicht wegen wurde auf eine flächenhafte Darstellung
der Schichten verzichtet. Innerhalb der Rezeptorreihe bilden jeweils
drei Rezeptoren das RF einer ON-Zelle. Die Gewichtsfaktoren für die
hemmende Peripherie sind -1/2, -1/2 und für das erregende Zentrum
gleich 1. Diese Operation hat Hochpaßcharakter, d.h. es werden Kanten
verstärkt und konstante Leuchtdichteverteilungen unterdrückt. Das
rechteckförmige Eingangssignal in Abb. 3.7 oben wird in das unten
dargestellte "differenzierte" Signal transformiert.

Die Gewichtsfaktoren bilden im zweidimensionalen Fall eine Matrix
g(m,n) mit m= 1, 2, ..., L und n= 1, 2, ..., L. Hier bilden L x L
Rezeptoren ein rezeptives Feld. Für den Fall einer ON-Zelle und
L = 3 ergibt sich z.B. durch die Matrix

$$g(m,n) = \begin{pmatrix} -1/8 & -1/8 & -1/8 \\ -1/8 & +1 & -1/8 \\ -1/8 & -1/8 & -1/8 \end{pmatrix}$$

eine ähnliche Hochpaßfilterung wie in Abb. 3.7 für den eindimensionalen
Fall dargestellt ist.

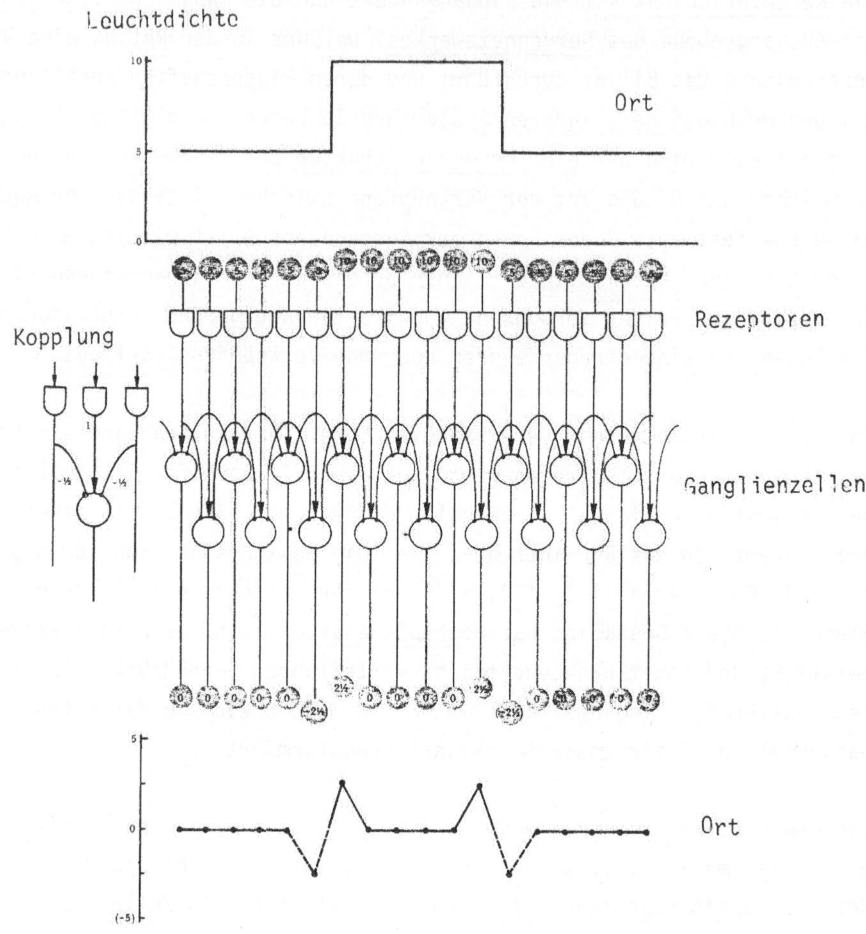

Abb. 3.7: Einfaches eindimensionales Modell der Retina /3.3/. Die Rezeptoren bilden jeweils das rezeptive Feld einer ON-Zelle. Die Kopplung ist in Vorwärtsrichtung mit den Gewichtsfaktoren + 1 für das erregende Zentrum und -1/2, -1/2 für die hemmende Peripherie.

Wir beschränken uns bei der Beschreibung der Filteroperationen durch eine diskrete Faltungsoperation auf quadratische Matrizen für die Gewichtsfaktoren, welche die Verknüpfung oder Kopplung bestimmen, sowie für die Eingangs- und Ausgangsnetzwerke.

Die Erregung $z(m_1, m_2)$ einer Ganglienzelle an der Stelle m_1, m_2 (m_1 und $m_2 = 1, 2, \ldots$ M) ergibt sich durch die gewichtete Summe der Eingangserregung $o(n_1, n_2)$ (n_1 und $n_2 = 1, 2, \ldots,$ N) innerhalb des rezeptiven Feldes mit der Dimension L x L

$$z(m_1, m_2) = \sum_{n_1} \sum_{n_2} g(m_1 - n_1 + 1, m_2 - n_2 + 1)\, o(n_1, n_2).$$

Die Summenbildung ist in vielen Fällen bei Modellrechnungen sehr aufwendig, weshalb die "Verkopplung" zwischen Eingangsebene und Ausgangsebene für die Simulation retinaler Modelle meist durch ein Faltungsintegral beschrieben wird (siehe Kapitel 2.Gl.2.10).

$$z(x', y') = \int_{-\infty}^{+\infty} o(x, y) \cdot g(x'-x, y'-y)\, dx \cdot dy \qquad (3.1)$$

Hier ist $o(x,y)$ die <u>Lichtverteilung</u> auf der Netzhaut, $g(x,y)$ die Gewichtsfunktion oder Impulsreaktionsfunktion und $z(x', y')$ die <u>Erregung in der Ganglienzellebene</u>.

Durch den Funktionswert $g(x'-x, y'-Y)$ wird der Beitrag eines Eingangssignals an der Stelle x, y auf die Reaktion einer Ganglienzelle an der Stelle x', y' bewichtet. Mit der Funktion $\delta(x,y)$ als Eingangssignal ergibt sich

$$z(x', y') = g(x', y')$$

d.h. durch die Gewichtsfunktion $g(x', y')$ wird die rezeptive Feldstruktur festgelegt.

Die neurophysiologischen Befunde für ON-Zellen werden in guter Näherung durch die Überlagerung zweier Gauß-Funktionen beschrieben

$$g(r) = E_0 \cdot \exp\,[-r^2/R_1{}^2] - I_0 \cdot \exp\,[-r^2/R_2{}^2] \qquad (3.2)$$

mit $r^2 = x^2 + y^2$. Für das RF wird Rotationssymmetrie angenommen.
Im einzelnen bedeuten (siehe Abb. 3.8)

E_0 : Die Empfindlichkeit der Erregung

I_0 : Die Empfindlichkeit der Hemmung

R_1 : Ein Maß für den Durchmesser des rezeptiven Feldzentrums

R_2 : Ein Maß für den Durchmesser der rezeptiven Feldperipherie

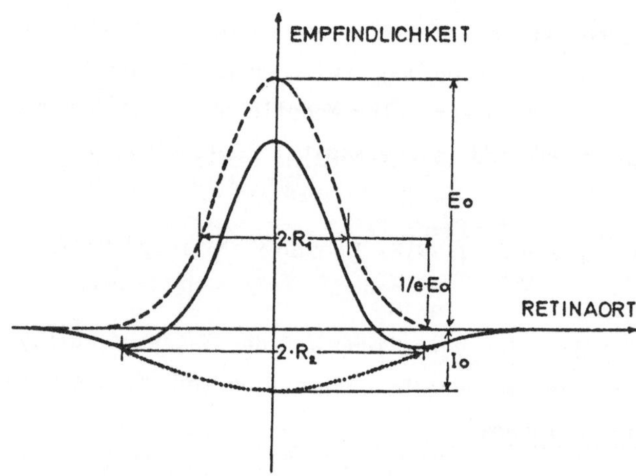

<u>Abb. 3.8:</u> Das Empfindlichkeitsprofil im rezeptiven Feld einer Gang-
lienzelle

Die o.a. vier Parameter können entsprechend den Daten, die durch
neurophysiologische Experimente zu bestimmen sind, festgelegt werden.
Die Reaktion in der Ganglienzellebene, d.h. das Ausgangssignal der
Retina läßt sich dann für verschiedene Eingangsreize rechnerisch bestimmen.

Entsprechend den neurophysiologischen Befunden bei der Netzhaut der Katze wurde für die Simulation des zentralen Sehbereichs $2 \cdot R_1 = 2'$, $2 \cdot R_2 = 4'$ und als Erregung $E_0 = 1$ und Hemmung $I_0 = 0.215$ angenommen /3.4/. In Abb. 3.9 sind die Ergebnisse der Berechnung für zwei parallele helle Spalten von 5' Abstand dargestellt.

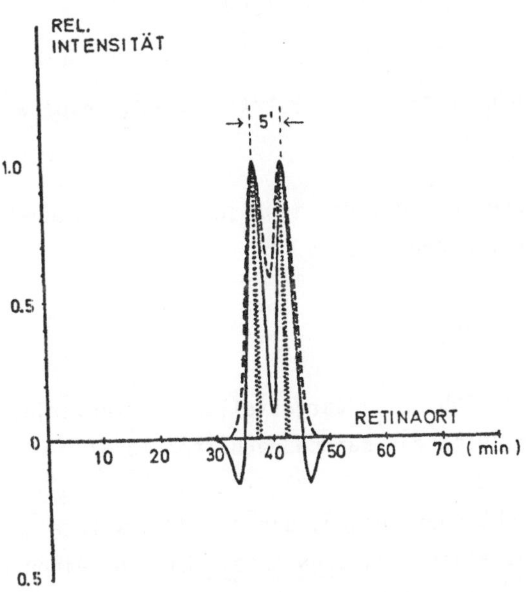

Abb. 3.9: Das Erregungsprofil der retinalen Ganglienzellen bei einem hellen Doppelspalt (gepunktete Kurve). Die gestrichelte Kurve zeigt die Lichtverteilung im Netzhautbild (siehe Abb. 2.36). Die ausgezogene Kurve stellt die Erregungsverteilung in der Ganglienzellschicht dar /3.4/.

Es verbessert sich also der Kontrast aufgrund der retinalen Verarbeitung. Darüberhinaus zeigen die Modellrechnungen, daß durch Hemmungs-Erregungsnetzwerke auch die Auflösung verbessert werden kann: Es lassen sich um 25% kleinere Spaltabstände auflösen als mit einem Netzwerk ohne hemmende Peripherie.

Das neuronale Netzwerk ist also ein Filter, das die negativen Einflüsse
der optischen Übertragung auf die Bildqualität zum Teil wieder ausgleicht.

Die _Filtereigenschaften_ des durch Gl.3.2 definierten Erregungs-Hemmungs-
Netzwerkes im Ortsfrequenzbereich lassen sich veranschaulichen mit Hilfe
der Fourier-Transformierten G(u,v) der Gewichtsfunktion g(x,y), welche
die Struktur des rezeptiven Feldes festlegt. Es ist

$$G(u,v) = E_0 \cdot R_1^2 \cdot \exp[-w^2 \cdot R_1^2/4] - I_0 \cdot R_2^2 \exp[-w^2 \cdot R_2^2/4]$$

mit $w^2 = u^2 + v^2$, wobei u und v die in Abschnitt 2.4 eingeführten Ortsfrequenzen sind. Für geeignete Werte

$$E_2 > I_0 \quad \text{und} \quad R_1 < R_2$$

hat G(u,v) etwa den in Abb. 2.37 dargestellten Kurvenverlauf, d.h. die
Filtercharakteristik zeigt ein Bandpaßverhalten /3.4/.

Die bisherigen Betrachtungen zeigen, daß die MÜF, welche am Ausgang der
Retina gemessen wird, einen _optischen Anteil_ hat und einen _neuronalen
Anteil_, der durch die Verarbeitung innerhalb des Nervennetzwerkes be-
dingt ist.

Der _optische Anteil_ setzt sich zusammen aus der Übertragungsfunktion D_1
der Pupille und des Linsensystems sowie der Übertragungsfunktion D_2 der
retinalen Schichten vor der Rezeptorschicht (Lichtstreuung).

Die _Grenze_ für hohe Ortsfrequenzen wird bei kleiner Pupille (2 - 3 mm)
durch die Beugung festgelegt, die Grenze bei großer Pupille durch optische
Abbildungsfehler (siehe nächster Abschnitt).

In Abb. 3.10 a ist die MÜF aus Abb. 2.31 a noch einmal dargestellt zum
Vergleich mit der MÜF $|D_2|$ der vorderen Retina in Abb. 3.10 b.

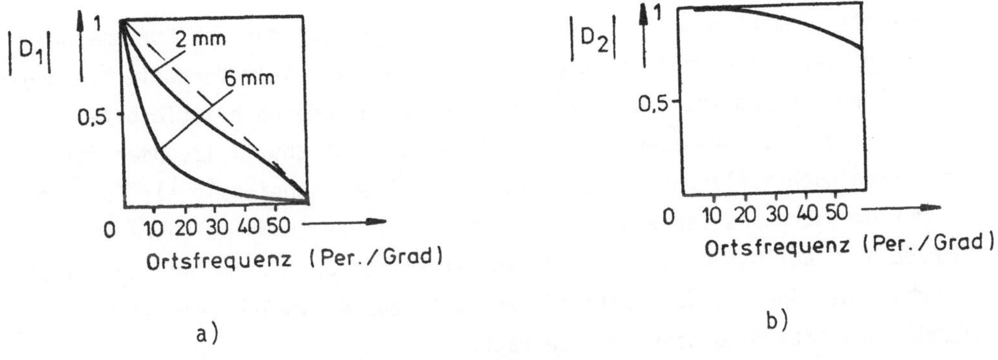

Abb. 3.10: Optischer Anteil der Modulationsübertragungsfunktion. In a) die MÜF der Pupille und des Linsensystems für Pupillendurchmesser 2mm und 6mm. Die gestrichelte Kurve markiert die Beugungsgrenze bei einer 2mm Pupille. In b) die MÜF für die retinalen Schichten vor der Rezeptorschicht, d.h. für die Lichtstreuung.

Der <u>neuronale Anteil</u> D_3 zeigt in Abhängigkeit von der mittleren Leuchtdichte ein Bandpaß- oder Tiefpaßverhalten. Die Grenze für hohe Ortsfrequenzen beträgt ca. 60 Perioden/Grad. Sie ist im wesentlichen durch den Rezeptordurchmesser in der Fovea festgelegt. Diese Grenze entspricht ungefähr der durch die Beugung gegebenen oberen Grenze (2mm Pupille), d.h. Rezeptordurchmesser und Pupillengröße sind aufeinander abgestimmt. Die <u>Grenze für niedrige Frequenzen</u> ist durch Schwellen für die Detektion von Helligkeitsgradienten festgelegt. Abb. 3.11 zeigt die neuronale MÜF $|D_3|$ bei optimalen Beleuchtungsbedingungen.

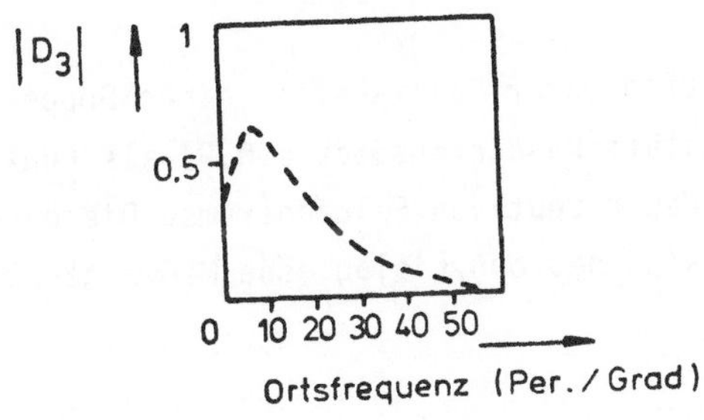

Abb. 3.11: Die neuronale MÜF für optimale Beleuchtungsbedingungen.

Wie bereits erwähnt nimmt zur Peripherie der Netzhaut hin der Durchmesser
der rezeptiven Felder zu. Daß diese Vergrößerung zu einer Verschlechterung
des Auflösungsvermögens 1/α führt, wobei α der gerade noch auflösbare
Winkelabstand z.B. bei einem Doppelspalt ist, zeigt Abb. 3.12. Hier ist
der gerade noch auflösbare Spaltabstand bei einem Doppelspalt als Funktion
des Durchmessers des (erregenden) rezeptiven Feldzentrums aufgetragen.
"Gerade noch auflösbar" heißt, daß das Verhältnis der minimalen Intensität
innerhalb des Spaltbildes (Sattelintensität) zur maximalen Intensität
(Randintensität) mindestens 90% beträgt.

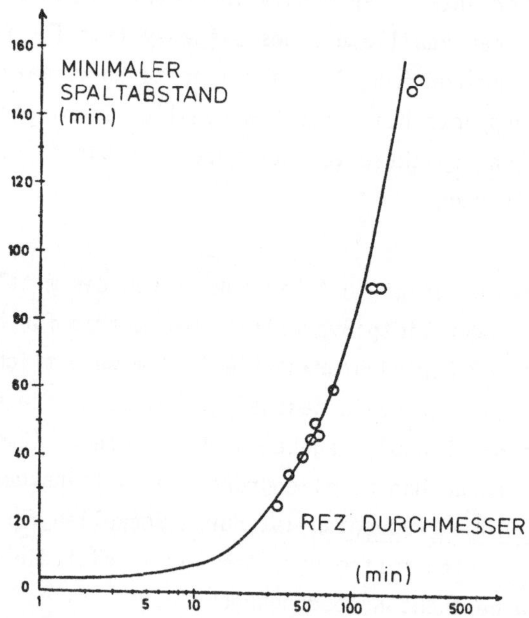

Abb. 3.12: Gerade noch auflösbarer Spaltabstand eines Doppelspaltes
(Sattelintensität: Randintensität = 0.9) als Funktion des
Durchmessers des rezeptiven Feldzentrums. Die eingezeich-
neten Kreise sind neurophysiologische Meßwerte /3.5/.

3.2 Kontrast, Auflösungsvermögen

Wenn zwei Bildbereiche unterschiedlich hell empfunden werden, spricht
man von einem Helligkeitskontrast zwischen diesen Bereichen. Der Begriff
des Kontrastes baut also auf dem der Helligkeit auf, weshalb zunächst
auf die Helligkeit eingegangen werden soll.

Helligkeit ist eine subjektive Erfahrung. Sie ist neben der Schwärze
die einfachste Sehempfindung. Der Blinde hat weder eine Empfindung
für Helligkeit noch für Schwärze. Der Zusammenhang zwischen der Hellig-
keit(sempfindung) und der physikalisch meßbaren Leuchtdichte im Objektraum ist im allgemeinen kompliziert: die Helligkeit ist nicht nur eine
Funktion der Zahl der Lichtquanten in einem gegebenen Retinabereich zu
einer bestimmten Zeit, sondern sie hängt auch von der Leuchtdichte ab,
die kurz zuvor bestand (Adaptation) sowie von der Beleuchtungsstärke
in anderen Bereichen der Retina.

In Abschnitt 2.1 wurde bereits in Zusammenhang mit Gl.2.5 darauf hinge-
wiesen, daß sich durch eine lokale Messung der Leuchtdichte nur das Produkt des Reflexionsgrades und der Beleuchtungsfunktion erfassen läßt.

Die Beleuchtungsfunktion verursacht im allgemeinen relativ langsame
Änderungen der Leuchtdichte verglichen mit den Änderungen, die durch
unterschiedliche Reflexionsfaktoren bedingt sind. Im Ortsfrequenzbereich
hätten wir entsprechend nieder- und hochfrequente Komponenten, deren
Trennung nach einer Theorie von Land und Marr /3.6/ eine Aufgabe der Retina ist.

Wir gehen von einem einfachen Beispiel aus /3.6/. In Abb. 3.13a ist eine
Situation dargestellt, in welcher eine Lampe eine Schreibtischplatte,
eine schwarze Schreibunterlage und ein weißes Blatt Papier schräg beleuchtet. In b) ist der Leuchtdichteverlauf dargestellt, den das Auge
beim Blick auf den Tisch zu verarbeiten hat. c) gibt das Wahrnehmungs-
ergebnis wieder. Neben der Wahrnehmung einer ungleichmäßigen Helligkeit
wird ein gleichmäßig weißes Blatt Paier auf einer schwarzen Unterlage
wahrgenommen, obgleich die Leuchtdichte des rechten Papierrandes kleiner
ist als die des linken Randes der schwarzen Unterlage. Offensichtlich

ergeben sich zwei Komponenten bei der Wahrnehmung: die Helligkeitswahr-
nehmung und die Wahrnehmung des Reflexionsgrades (engl. Lightness).

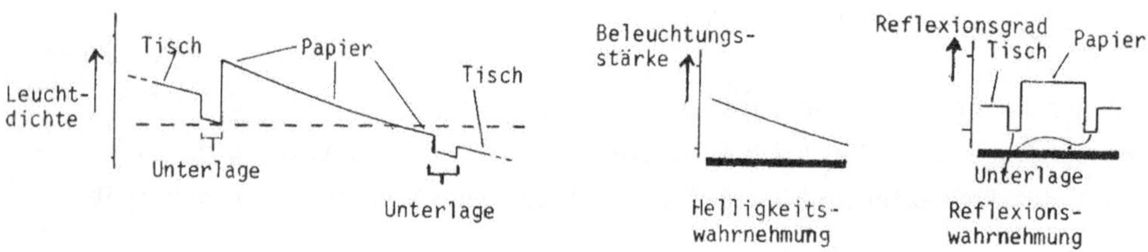

Abb. 3.13: Aufspaltung der Leuchtdichte in Beleuchtungsstärke und Reflexionsgrad. In a) ungleichmäßige Ausleuchtung. In c)
Leuchtdichteverteilung der Anordnung in a). In b) Wahrnehmung
einer ungleichmäßigen Helligkeit und des Reflexionsgrades
(Lightness) /3.6/.

Nach der Theorie von Land und Marr wird durch die Bipolar-Zellen der
Retina zunächst eine Faltung zur Kantendetektion durchgeführt. In der
Ganglienzellschicht wird eine Rücktransformation (Dekonvulotion) durchgeführt. Das Ergebnis dieser beiden Transformationen ist "Lightness",
d.h. eine Größe, welche die Wahrnehmung des Reflexionsgrades bestimmt.

Diese Vorgehensweise läßt sich an dem einfachen Beispiel einer <u>Kontrast-
täuschung</u> veranschaulichen /3.6/. Die beiden inneren Quadrate in Abb.
3.14a) sind gleich hell, wie aus dem Leuchtdichtenprofil darunter hervorgeht, werden aber wegen der verschieden hellen Untergründe als unterschiedlich hell wahrgenommen. Eine Faltung zur Kantendetektion führt
zu dem Kantenprofil in b). Das Ergebnis der Dekonvulotion gibt c)
wieder. Hier wurde zwischen den aufeinanderfolgenden Extremwerten in
b) interpoliert. Es ergeben sich entsprechend d) für die "Lightness-
Wahrnehmung" unterschiedlich helle Quadrate.

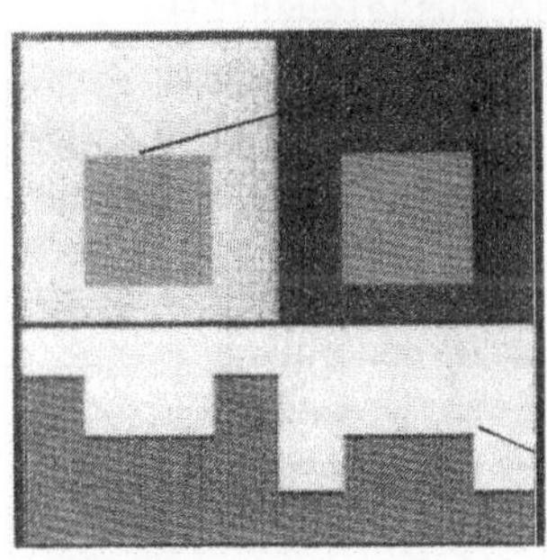

a)
Die Quadrate
haben gleiche
Leuchtdichte

Leuchtdichte-
profil

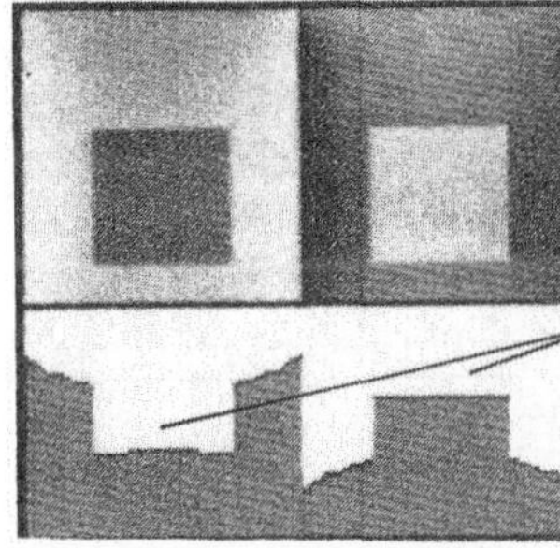

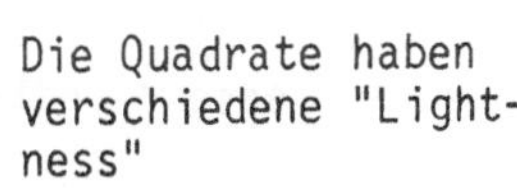

c)
Dekonvulotion

Die Quadrate haben
verschiedene "Light-
ness"

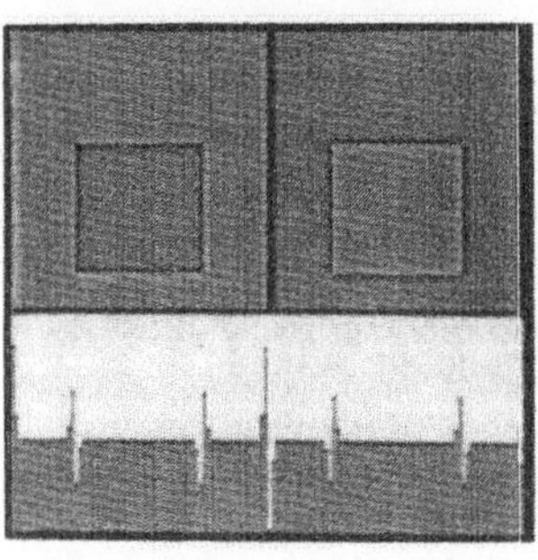

b)
Ergebnis der
Faltung zur
Kantendetekti-
on

Kantenprofil

d)
Quadrate von c) auf
gleichem Hinter-
grund

<u>Abb. 3.14:</u>   Veranschaulichung der Filteroperationen der Retina an einer
einfachen Kontrasttäuschung /3.6/.

Wir hatten in Abschnitt 2.4 den Modulationsgrad m auch als Kontrast bezeichnet. Gebräuchlicher ist im Zusammenhang mit der Bestimmung von
Helligkeitsschwellen für die Wahrnehmung eines Reizes die folgende Definition für den <u>relativen Helligkeitskontrast K</u>

$$K = \frac{(L_R - L_H)}{L_H} \cdot 100 = \frac{\Delta L}{L_H} \cdot 100 \quad [\%]$$

mit L_R = Leuchtdichte des Reizes

und L_H = Leuchtdichte des Hintergrundes.

Die Schwelle für die Unterscheidung lokaler Leuchtdichteunterschiede kann gemessen werden, indem man einem Beobachter ein gleichmäßig ausgeleuchtetes Feld mit der Leuchtdichte L_H zeigt, in dessen Zentrum sich ein scharf begrenztes Kreisscheibchen mit der Leuchtdichte $L_H + \Delta L$ befindet wie in Abb. 3.15 dargestellt ist. ΔL wird von Null ausgehend vergrößert bis das Scheibchen gerade wahrnehmbar ist. Den so gefundenen <u>Schwellenkontrast</u> K_s nennt man <u>relative Unterschiedsschwelle</u> und den Kehrwert $L_H/\Delta L$ <u>Unterschiedsempfindlichkeit</u>.

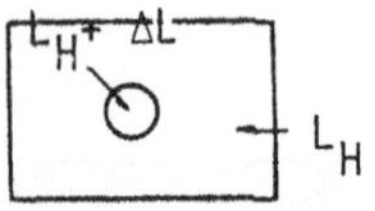

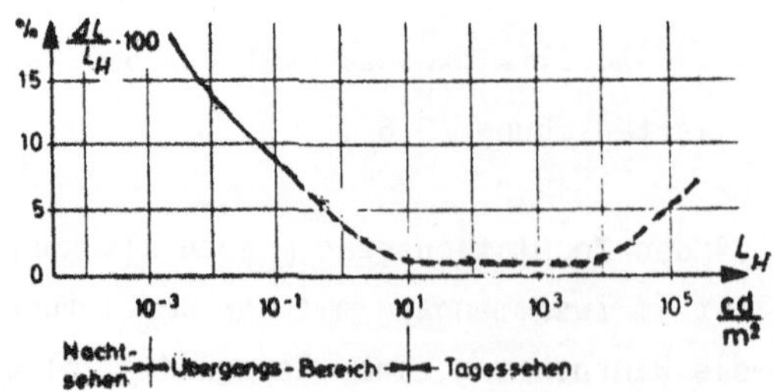

<u>Abb. 3.15:</u> Bestimmung der Unterschiedsschwelle für eine Kreisscheibe.

Die Abhängigkeit der Unterschiedsschwelle von der Hintergrundshelligkeit zeigt Abb. 3.16 für Scheibchendurchmesser = 50'. Die Unterschiedsschwelle ist im Bereich des Tagessehens am geringsten. Hier ergeben sich Werte von 1 - 2%.

<u>Abb. 3.16:</u> Der Schwellenkontrast (Unterschiedsschwelle) in Abhängigkeit von der Hintergrundsleuchtdichte für eine Kreisscheibe von 50'.

Daß der Schwellenkontrast K_s auch von der Größe der Testobjekte abhängt,
zeigen die Abb. 3.17 und 3.18. In Abb. 3.17 ist der Schwellenkontrast
in Abhängigkeit von der Hintergrundleuchtdichte für fünf verschieden
große Kreisscheibchen dargestellt.

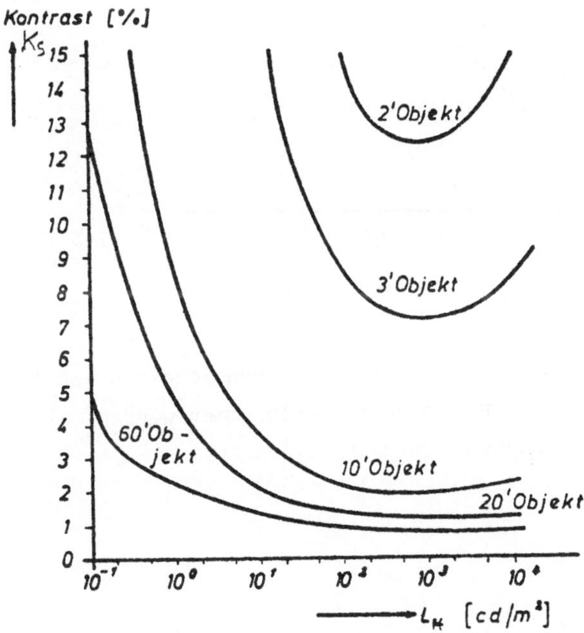

Abb. 3.17: Die einzelnen Kurven markieren den Schwellenkontrast für verschieden große Kreisscheiben in Abhängigkeit von der Umfeld-
leuchtdichte L_H. Parameter ist der Scheibendurchmesser in
Sehwinkelminuten /3.7/.

In Abbildung 3.18 ist für zwei verschieden große Testobjekte der gerade
noch wahrnehmbare Leuchtdichteunterschied als Funktion der Hintergrundsleuchtdichte dargestellt. Die gepunktete Kurve stellt die <u>Blendgrenze</u>
dar. Die gestrichelten Kurven markieren die 1% und 100% relativen Unter-
schiedsschwellen.

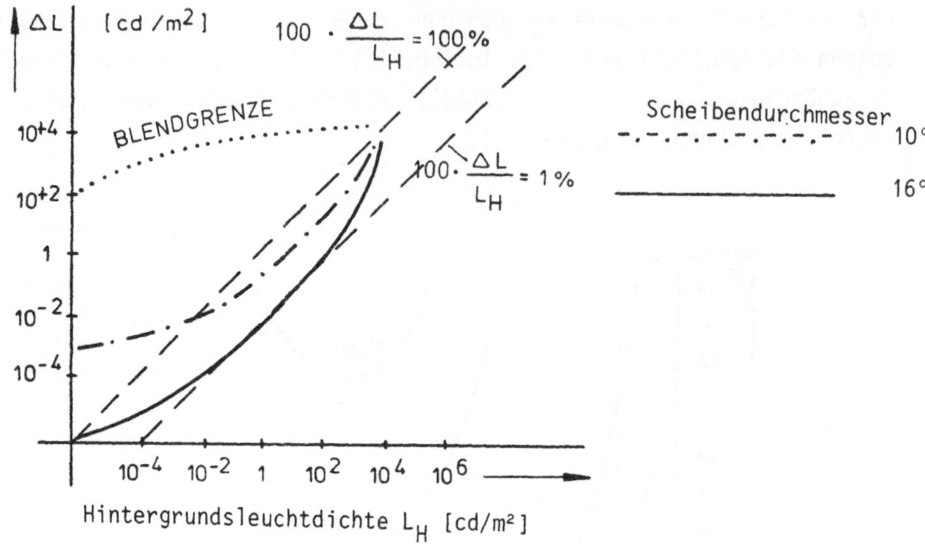

__Abb. 3.18:__ Leuchtdichteunterschiede, bei denen Scheiben von 10° bzw.
16° Sehwinkel gerade noch wahrgenommen werden, als Funktion
der Hintergrundsleuchtdichte.

Der Bereich des __Weberschen Gesetzes__ $\Delta L/L_H$ = const. beginnt bei Hinter-
grundleuchtdichten $L_H > 10$ cd/m². Für kleinere Leuchtdichten gilt das
__de Vries-Rose-Gesetz__ $\Delta L/L_H = k /\sqrt{L_H}$, welches mit Hilfe statistischer Über-
legungen plausibel gemachter werden kann. Ein Lichteindruck wird hervorgerufen, wenn 2-15 Lichtquanten innerhalb einer bestimmten Integrations-
zeit (bis ca. 100 ms) von den Rezeptoren innerhalb eines rezeptiven
Feldes summiert werden. Die für einen Seheindruck notwendige Lichtenergie
von ca. 10^{-16} Ws ergibt sich aus der Energie E eines Lichtquants
(Photons) für Licht mit der Wellenlänge 550 mm.

$$E = h \cdot v = h \cdot c/\lambda = 6.62 \cdot 10^{-34} \cdot 3 \cdot 10^{10}/(550 \cdot 10^{-7}) = 0.36 \cdot 10^{-16} \text{ Ws}.$$

Für niedrige Leuchtdichten ist die Zahl N der Lichtquanten um einen Mittelwert $\bar{N}$ statistisch verteilt, wobei in guter Näherung die Poisson-Verteilung gilt mit der Streuung $\sigma = \sqrt{\bar{N}}$. Durch Erhöhung der Leuchtdichte erhöht sich die mittlere Quantenzahl um ΔN. Die relative Unterschiedsschwelle ergibt sich, wenn die Verteilung um den neuen Mittelwert $\bar{N} + \Delta N$ von der ursprünglichen Verteilung unterschieden werden kann, d.h. wenn die Verschiebung etwa gleich σ ist, wie in Abb. 3.19 veranschaulicht ist.

$$K_s = \Delta L/L_H = \Delta N/\bar{N} = k\sigma/\bar{N} = k/\sqrt{\bar{N}} \quad (\text{mit } k \approx 1)$$

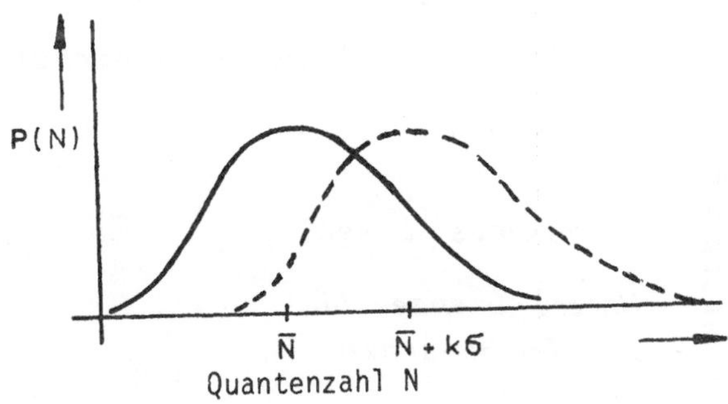

Abb. 3.19: Wahrscheinlichkeit P für das Auftreten von N Lichtquanten. $\bar{N}$ und $\bar{N} + k\sigma$ sind die Mittelwerte zweier Verteilungen.

Die unterschiedliche Aktivität von Zapfen und Stäbchen bei den verschiedenen Leuchtdichten der Umgebung führt zu einer Einteilung des gesamten wahrnehmbaren Leuchtdichtebereichs in einen skotopischen, mesopischen und photopischen Bereich. Die obere Grenze ist schlecht definiert und wird willkürlich auf 10^6 cd/m² festgelegt, während die untere Grenze des skotopischen Bereiches durch die absolute Wahrnehmungsschwelle L_o in lichtloser Umgebung definiert ist, das ist $L_o = 10^{-6}$ cd/m² In dem mittleren mesopischen Bereich zwischen $10^{-2} - 10^2$ cd/m² sind beide Rezeptortypen aktiv. Bei höheren Leuchtdichten sind nur die Zapfen, bei niedrigeren nur die Stäbchen aktiv. Diese Einteilung des etwa 12 log-Einheiten umfassenden Dynamikbereichs wird durch Abb. 3.20 veranschaulicht. Das Leuchtdichteverhältnis wird üblicherweise in Dezibel (dB) ausgedrückt.

$$\text{Zahl in Dezibel} = 10 \log(L/L_0).$$

Eine Verdopplung des Leuchtdichteverhältnis bedeutet z.B. die Addition von 3 dB. Der gesamte Bereich umfaßt 120-140 dB.

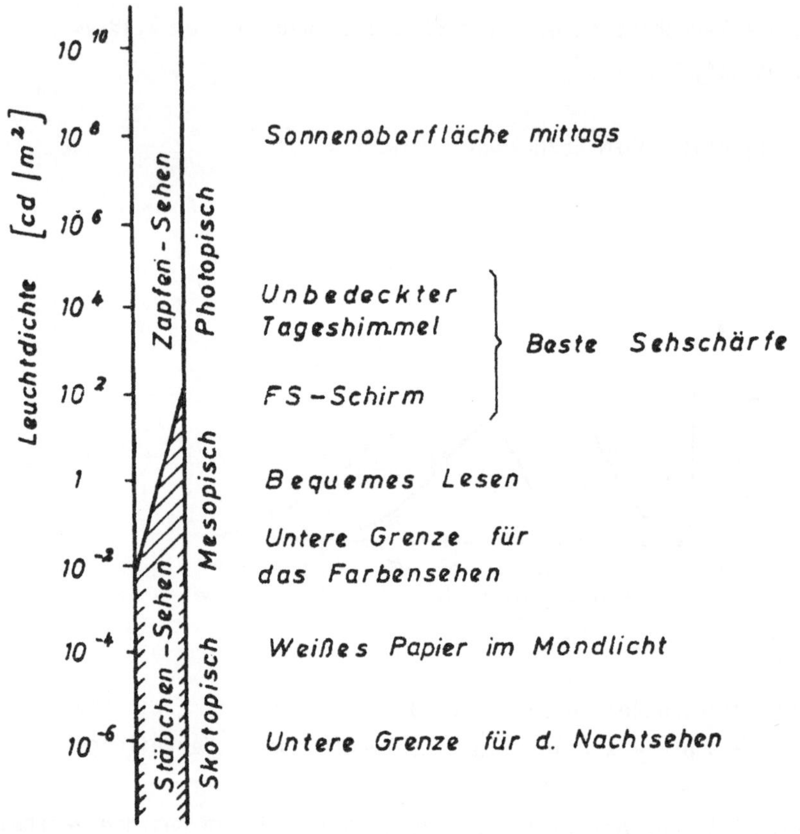

Abb. 3.20: Leuchtdichtebereiche für einige typische optische Reize. Im photopischen Bereich sind nur Zapfen, im skotopischen Bereich sind nur Stäbchen aktiv.

Bevor wir im nächsten Abschnitt das Problem der Verarbeitung eines so großen Dynamikbereiches durch Adaptation der Retina behandeln, soll im folgenden auf das Auflösungsvermögen des visuellen Systems näher eingegangen werden. Im Abschnitt 2.4 wurde bereits geschildert wie mit Hilfe der MÜF das Netzhautbild einer Punktlichtquelle, das sog. Punktbild berechnet werden kann (s. Abb. 2.34).

In Abb. 3.21 sind die Bilder zweier Sterne und das Überlagerungsprofil der Punktbilder bei verschiedenem Abstand dargestellt. Ein Abstand von 1' ist noch auflösbar. Dieser Faltungsprozeß ist jedoch schwer durchführbar bei komplizierteren Objekten wie z.B. Buchstaben.

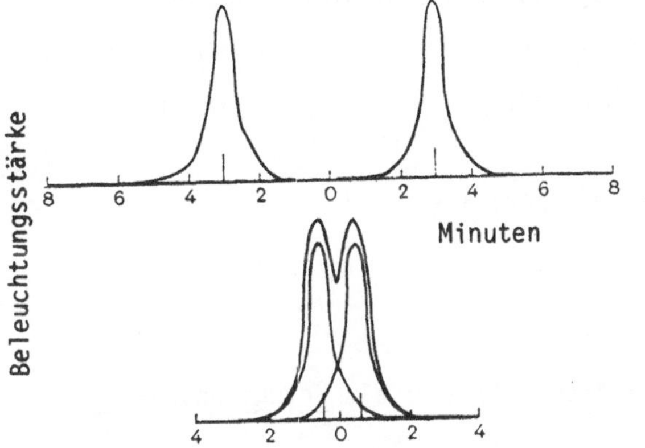
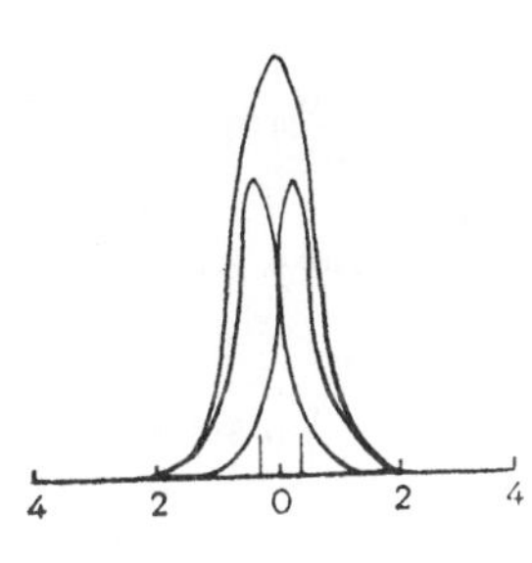

<u>Abb. 3.21:</u> Punktbilder zweier Sterne auf der Retina bei besten Abbildungsbedingungen (3 mm Pupille). Der Zapfendurchmesser in der Mitte der Fovea beträgt ca. 0.5 Bogenminuten.

Da die absolute Größe der noch aufgelösten Objektdetails vom Betrachtungsabstand abhängt, gibt man den minimalen Sehwinkel α_{min} an, unter dem zwei Punkte, zwei Kanten, Linien u.s.w. noch getrennt erkannt werden können. Es ergeben sich dabei etwa die in Abb. 3.22 dargestellten Winkelwerte.

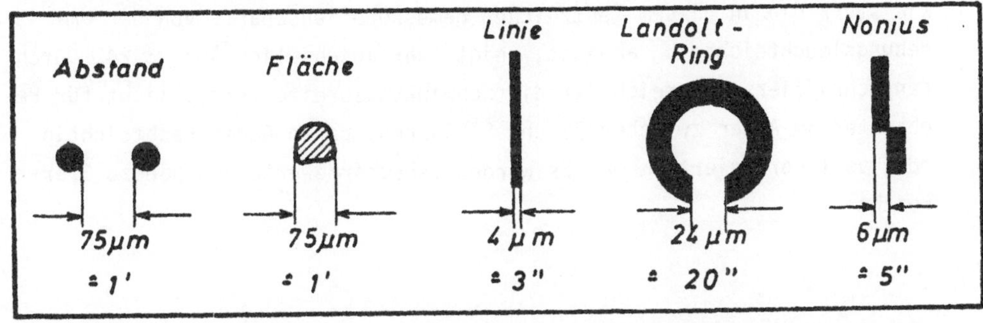

<u>Abb. 3.22:</u> Die kleinsten mit freiem Auge detektierbaren Details in einer Entfernung von 25 cm bei optimalen Bedingungen. Unter der Größenangabe in μm steht der äquivalente Sehwinkel.

Das <u>Auflösungsvermögen</u> wächst mit abnehmendem Winkel α_{min}. Es hängt von der Form der Objekte, dem Kontrast und der Beleuchtungsstärke ab. Mit Sehschärfe wird deshalb das unter genormten Bedingungen bestimmte Auflösungsvermögen des Auges bezeichnet: Auf einer Sehprobentafel werden dem Auge schwarze Landoltsche Ringe nach Abb. 3.23 in verschiedener Größe und mit unterschiedlicher Lage der Ringöffnung dargeboten. Kann aus einer Entfernung a bei einem Ringmaß l die Lage der Öffnung gerade noch sicher erkannt werden, so beträgt die Winkelauflösung des Auges

$$\alpha_{min} = 3{,}44 \cdot 10^3 \cdot l/a \quad \text{[Minuten]}$$

Die <u>Sehschärfe</u> oder <u>der Visus</u> ist definiert als

$$\text{Sehschärfe} = 1/\alpha_{min}$$

Die Sehschärfe 1 oder Visus 1 (Auflösung 1') wird als <u>Bezugssehschärfe</u> bezeichnet.

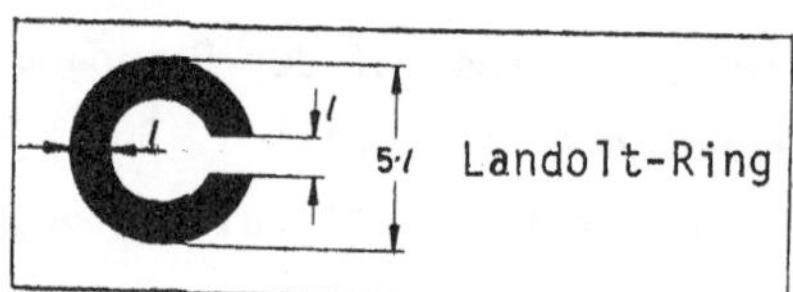

<u>Abb. 3.23:</u> Genormte Maße des Landoltschen Ringes zur Bestimmung der Sehschärfe.

Wie stark die an diesem Testzeichen gemessene Sehschärfe von der Umgebungsleuchtdichte L_H abhängt, zeigt sehr anschaulich Abb. 3.24. Durch den schraffierten Bereich ist die Schwankungsbreite verdeutlicht für Beobachter im Alter zwischen 25 und 50 Jahren, deren Augen rechtsichtig oder voll korrigiert waren. Es werden Sehschärfewerte von nahezu 3 erreicht.

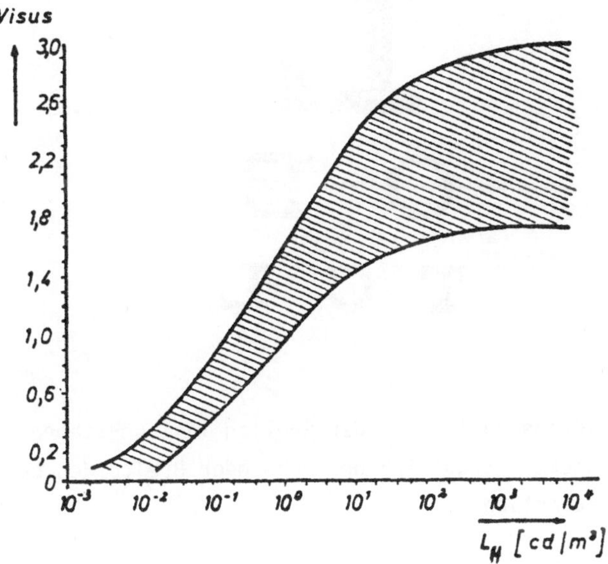

Abb. 3.24: Abhängigkeit der Sehschärfe für schwarze Landoltsche Ringe
von der Leuchtdichte L_H des Umfeldes. Der Kontrast K = 0.95
blieb konstant /3.7/.

Neben dem Landoltschen Ring gibt es andere genormte Testzeichen, z.B.
die Snellen Testbuchstaben oder verschiedene Rechteckgitter. Jedem der
in Abb. 3.25 dargestellten Testbuchstaben wird ein Zahlenverhältnis
a/x zugeordnet, wobei a der aktuelle Sehabstand in Meter ist und x den
Abstand angibt, bei welchem das kritische Detail des Buchstabens unter
1' Sehwinkel erscheint. Bei normalem Sehen sollte z.B. ein beliebiger
Testbuchstabe bei 6/6 oder 20/20 erkannt werden.

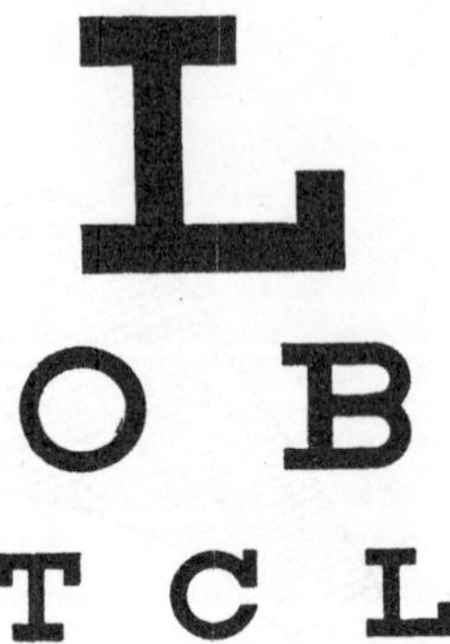

Abb. 3.25: Veranschaulichung der Snellen Testbuchstaben. Die Linien-
dicke beträgt 1/5 der Höhe oder Breite des betreffenden
Buchstabens.

Unter den Rechteckgittern, die als Testzeichen verwendet werden, sind
die Foucault-Tafel, das 2-Balken Cobb Element und das amerikanische
3-Balken Muster die allgemein üblichen. Diese Gitter sind in Abb. 3.26
veranschaulicht.

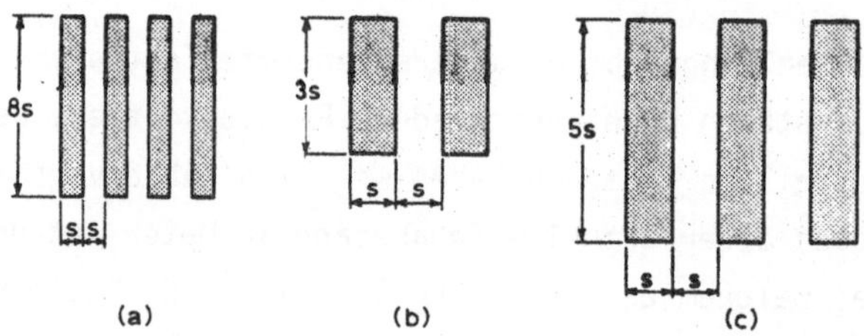

Abb. 3.26: Rechteckgitter als Testzeichen. a) Foucault, b) Cobb,
c) "American 3-bar".

Entsprechend der Abnahme der Rezeptordichte (s. Abb. 3.3) und der Zu-
nahme der rezeptiven Feldgröße zur Peripherie der Retina hin, zeigt
sich eine starke Abhängigkeit der Sehschärfe von dem Darbietungsort
auf der Retina. Diese Abhängigkeit veranschaulicht Abb. 3.27.

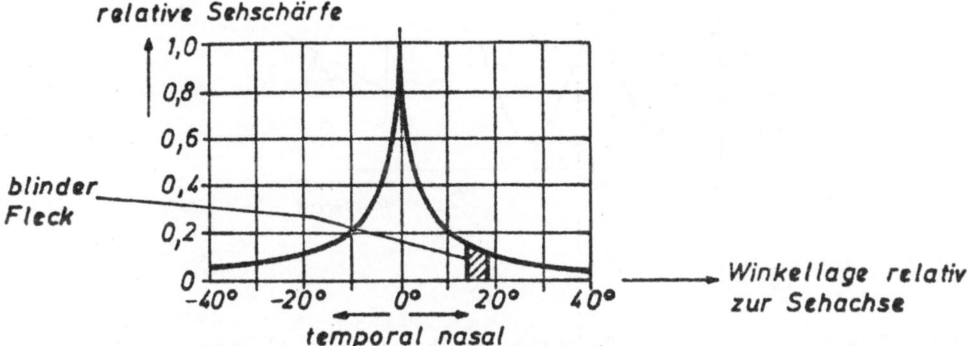

Abb. 3.27:   Abhängigkeit der Sehschärfe vom Abbildungsort des Reizes
auf der Retina.

Die bisherigen Ausführungen zum Auflösungsvermögen beziehen sich auf die
statische Sehschärfe, d.h. die Sehschärfe beim Betrachten von Bildern,
deren Ort und Leuchtdichte sich zeitlich nicht ändern.

Wegen des Einschwingverhaltens des zeitabhängigen neuronalen Netzwerkes
und des Einflusses von Augenbewegungen spielt jedoch auch hier die Darbietungszeit eine Rolle. Durch Verlängerung der Darbietungszeit von
100 ms auf 400 ms läßt sich eine Verkleinerung des minimal auflösbaren
Sehwinkels von 0.95' auf 0.65' erzielen /3.8/. Dieser Einfluß sowie
der Einfluß der Orientierung und von zeitlichen Darbietungsparametern
wie die Bewegung des Testmusters ist qualitativ in Abb. 3.28 dargestellt.
Hier läßt sich aus der Änderung der Schwellenmodulation der Trend ablesen, der auch für das Auflösungsvermögen gilt.

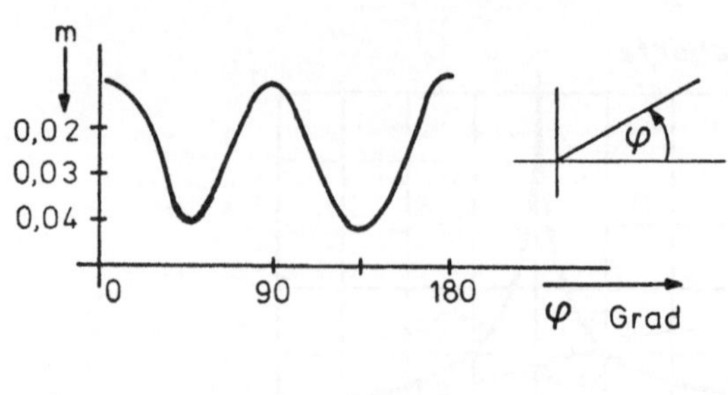

a)

<u>Abb. 3.28 a)</u>: Einfluß der Orientierung auf die Schwellenmodulation.

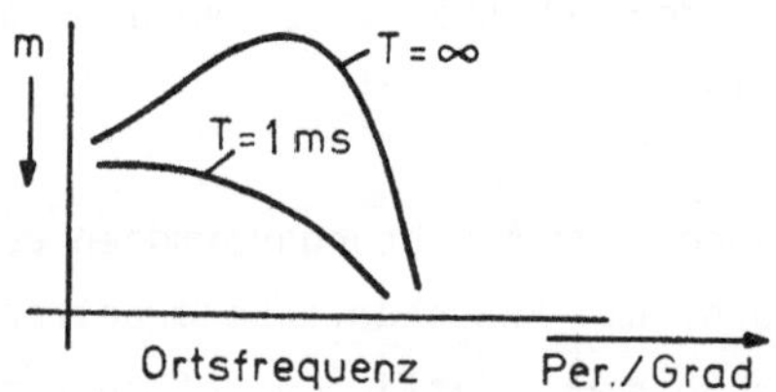

b)

<u>Abb. 3.28 b)</u>: Einfluß der Darbietungszeit auf die Schwellenmodulation.

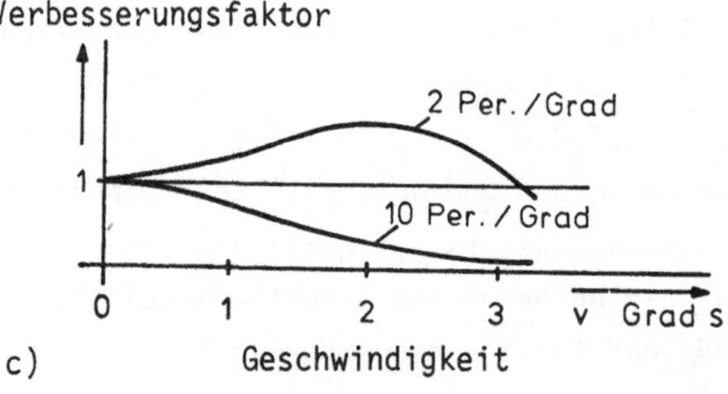

c)

<u>Abb. 3.28 c)</u>: Einfluß der Bewegung zweier Gitter (Ortsfrequenz 2 bzw.
10 Per./Grad) auf die Schwellenmodulation.

Der Einfluß der zeitlichen Modulation auf die Kontrastempfindlichkeit
läßt sich qualitativ in Abb. 2.43 (Abschnitt 2.4) ablesen.

3.3 Rezeptorkennlinien, globale und lokale Adaptation

In diesem Abschnitt wird auf die einzelnen Schritte eingegangen, die insgesamt die Wahrnehmung des in Abb. 3.20 veranschaulichten außerordentlich großen Leuchtdichtebereiches ermöglichen. Neben den elektrophysiologisch bestimmten Kennlinien in verschiedenen retinalen Schichten, die später diskutiert werden, sind in diesem Zusammenhang hauptsächlich psychophysische Messungen von Interesse.

Allgemein ist nach dem Plateauschen Gesetz der relative Empfindungszuwachs bei einem beliebigen sensorischen Kanal (Modalität) dem relativen Zuwachs des physikalischen Reizes proportional

$$\Delta E/E = k \cdot \Delta R/R \qquad\qquad (3.3)$$

Hier ist ΔE die diskriminierbare Empfindungsstufe, ΔR die entsprechende Reizänderung und k eine experimentell zu bestimmende Konstante. Die Integration ergibt

$$E = c \cdot R^k \qquad \text{(Stevensches Gesetz)}$$

c ist eine Konstante. Die experimentellen Ergebnisse für den Exponenten k des Potenzgesetzes und den entsprechenden sensorischen Dynamikbereich sind in Tabelle 1 zusammengefaßt.

	Exponent k	Sensorischer Dynamikbereich (dB)
Schmerz	2.13	15
Wärme	0.96	33
Vibration	0.56	50
Schall	0.32	100
Licht	0.21	130

Tabelle 1: Psychophysisch bestimmte Parameter des Stevenschen Potenzgesetzes /3.9/.

Interessanterweise ist das Produkt des Exponenten k und des Dynamikbereiches etwa konstant $\approx$ 30 dB. Diese Tatsache wird im Zusammenhang
mit dem gemessenen kortikalen Erregungsbereich von ebenfalls etwa
30 dB in /3.9/ zu einer Abschätzung des <u>kortikalen Informationsflusses</u>
herangezogen. Unter der Annahme, daß im Mittel eine relative Unter-
schiedsstufe von 1 dB gerade noch erkannt wird und das langsame Hirn-
rindenpotential, das durch einen Reiz verursacht wird, nach 100 bis
200 ms seinen "spezifischen Amplitudenwert" sicher erreicht hat, ergibt diese Abschätzung einen Informationsfluß von 25 bis 50 bit/s pro
Sinneskanal.

Der gesamte Helligkeits-Dynamikbereich von 120 - 140 dB kann vom Auge
nicht gleichzeitig wahrgenommen werden. Es ändert sich in Abhängigkeit von der mittleren Leuchtdichte im gesamten Gesichtsfeld (<u>globale
Adaptation</u>) oder in bestimmten räumlichen Bereichen des Gesichtsfeldes
(<u>Lokaladaptation</u>) der Empfindlichkeitsbereich der Retina, ein Vorgang,
welcher <u>Helligkeitsadaptation</u> genannt wird.

Der Dynamikbereich, der jeweils während einer Fixation des Auges verarbeitet werden kann, beträgt höchstens 2 log-Einheiten mit Verzögerungszeiten von ca. 100 ms. Das Zentrum des Bereiches ist die <u>Adaptations-
leuchtdichte</u> L_A. Die Größe des Bereiches ergibt sich aus der Forderung,
daß die relative Unterschiedsschwelle $\Delta L/L_A$ etwa konstant bleiben soll.
Eine Leuchtdichte des Testreizes von 1,2 log-Einheiten höher oder
niedriger als L_A würde z.B. weiß bzw. schwarz erscheinen.

Für den Fall, daß ein stark strukturiertes Bild betrachtet wird, ergeben
sich i.a. sehr häufige Änderungen der (lokalen) Adaptationsleuchtdichte.
Leuchtdichteänderungen mit einem Faktor 10 bis 50 können innerhalb von
ca. 100 ms durch neuronale Mechanismen ausgeglichen werden. Bei größeren
Änderungen erfolgt die Adaptation der Stäbchen und Zapfen durch langsame
chemische Prozesse und benötigt deshalb häufig Minuten bis Stunden. Der
Zeitverlauf der Dunkeladaptation ist in Abb. 3.29 wiedergegeben. Hier
wurde die Adaptationleuchtdichte zum Zeitpkt. t = o von 100 cd/m² auf
völlige Dunkelheit geändert. Deutlich erkennbar ist der unterschiedliche
Zeitverlauf für die Zapfen- und Stäbchenadaptation. Nach 5 - 10 min
(in Abb. 3.29 ca. 8 min). geht mit einem Knick die Zapfen- in die Stäbchen-
adaption über.

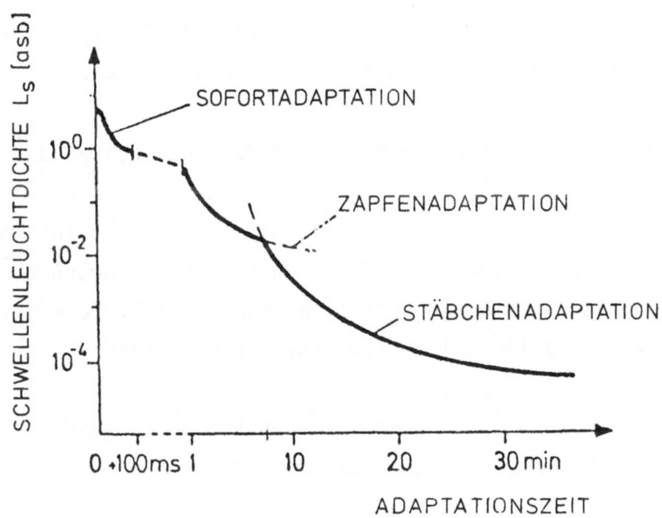

<u>Abb. 3.29:</u> Verlauf der Dunkeladaptation beim Übergang von der Adaptations-
leuchtdichte 100cd/m² auf völlige Dunkelheit zum Zeitpunkt
t = o. Die durchgezogene Kurve entspricht der Schwellenleucht-
dichte in [asb], bei welcher ein Testzeichen noch gerade
detektiert werden kann /3.10/.

Die Sofortadaptation wird unterstützt durch eine Änderung des Pupillen-
durchmessers von 2 auf 8 mm mit einer Geschwindigkeit von etwa 2 mm/s.
Die entsprechende Änderung der Pupillenfläche um einen Faktor 16 entspricht 1.2 log-Einheiten.

Relative Blendung erfolgt, wenn das Leuchtdichteverhältnis 100:1 über-
steigt, weil ein solcher Bereich durch lokale Adaptation der Retina nicht
mehr verarbeitet werden kann. Gute Sehbedingungen ergeben sich, wenn im
zentralen Sehfeld die Leuchtdichteverhältnisse auf maximal 3:1 beschränkt
sind und im peripheren Sehfeld auf 10:1.

Das Angleichen des visuellen Systems an höhere Leuchtdichten, d.h. die
Helligkeitsadaptation, erfolgt innerhalb von Sekunden, während die Dunkel-

adaptation u.U. 40 Minuten und länger braucht, um die Empfindlichkeit der Retina an ein niedriges Leuchtdichteniveau anzupassen.

Für die Praxis bedeutet insbesondere die Sofortadaptation, daß beim Betrachten der einzelnen Bereiche eines komplexen Bildes nur jeweils etwa 20 Helligkeitsstufen unterscheidbar sind. Da sich jedoch dieser sehr enge Bereich bei jeder neuen Fixation des Auges verschieben kann, wird allgemein von einer Gesamtunterscheidbarkeit z.B. beim Betrachten eines Bildes von etwa 100 Helligkeitsstufen ausgegangen.

Noch geringer ist die Anzahl erkennbarer Abstufungen, wenn man keine Vergleichsreize hat. Auf absoluter Basis sind nur 4 bis 6 Stufen unterscheidbar.

Elektrophysiologische Messungen der Kennlinien von Rezeptor- und Ganglienzellen in der Retina ergeben Dynamikbereiche von etwa 3 bzw. 1.5 log-Einheiten. In Abb. 3.30 sind für zwei Adaptationsleuchtdichten 10 und 1000 cd/m² die (normierten) Ausgangserregungen der o.g. beiden Zelltypen dargestellt als Funktion der relativen Leuchtdichte einer Kreisscheibe im Zentrum des rezeptiven Feldes einer Ganglienzelle, die von dem Rezeptor versorgt wird und über eine Faser des optischen Nervs die Leuchtdichteinformation zu höheren Zentren des visuellen System meldet. Deutlich erkennbar sind die unterschiedlichen Steigungen der Kennlinien, welche zu unterschiedlichen Dynamikbereichen führen.

Die (chemisch bedingte)Adaptation führt zu einer Parallelverschiebung bei dieser halblogarithmischen Darstellung und zwar um einen Betrag, der etwa der Veränderung der Hintergrundshelligkeit entspricht. Die in Abb. 3.30 dargestellten Kennlinien lassen sich mathematisch recht gut durch eine gebrochen rationale Funktion beschreiben

$$E_A = I/(d_1 \cdot I + d_2) \tag{3.4}.$$

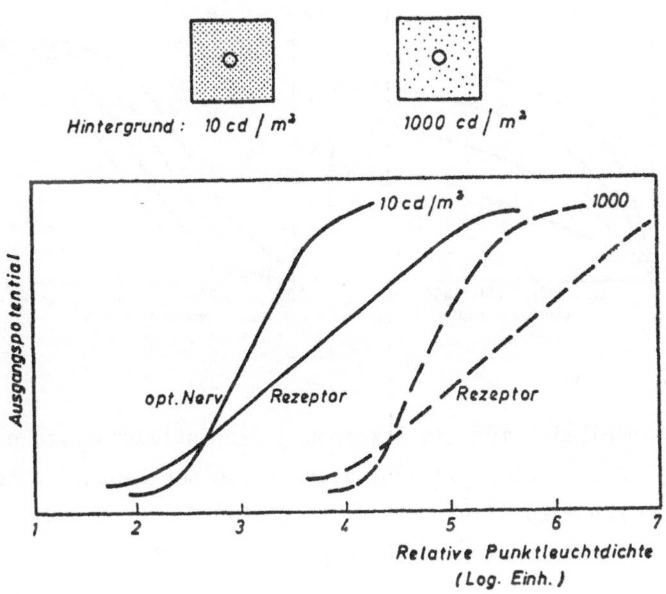

Abb. 3.30: Kennlinien eines Zapfens und der zugehörigen Faser des Sehnervs (Ganglienzelle) für zwei verschiedene Adaptationsleuchtdichten /3.11/.

Hier ist E_A die Ausgangserregung, I die Eingangsleuchtdichte, und d_1, d_2 sind zwei Konstanten. Durch Veränderung der Konstante d_2 ergibt sich in der halblogarithmischen Darstellung eine Parallelverschiebung wie aus Abb. 3.31 hervorgeht. Hier ist als Beispiel die Entladungsrate einer Faser des optischen Nervs als Funktion der Leuchtdichte für verschiedene Parameter d_2 dargestellt.

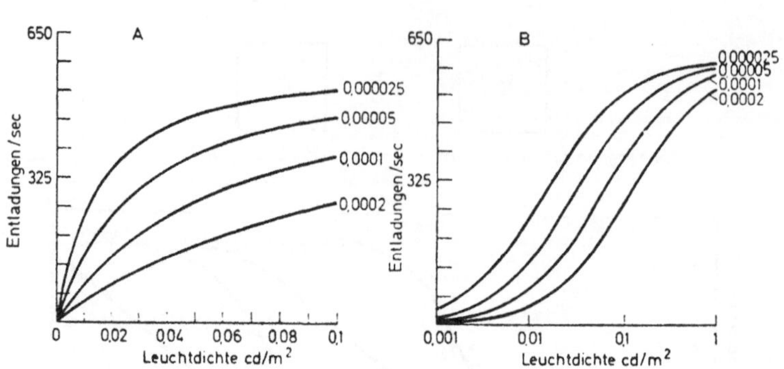

Abb. 3.31: Beispiel für die Berechnung der Entladungsrate einer Faser
des Sehnervs in Abhängigkeit von der Leuchtdichte für verschiedene Parameter d_2 in Gl.3.4. In B sind die Kurven aus
A halblogarithmisch aufgetragen /3.14/.

Der visuelle Dynamikbereich von etwa 2 log-Einheiten bei einer festen
Adaptationsleuchtidchte ist vergleichbar mit dem Bereich, der durch
optoelektronische Sensoren bei geeigneter Blende erfaßt werden kann.
Gegenüber technischen Systemen ist der sehr schnelle, effektive Adaptationsmechanismus, der auf verschiedene Teile der Netzhaut unterschiedlich wirkt, die besonders hervorzuhebende Leistung des visuellen Systems
bei der Empfindlichkeitseinstellung.

Zum Schluß dieses Abschnitts soll ein Überblick gegeben werden über ge-
bräuchliche Leuchtdichte-Einheiten und über englische Bezeichnungen von
lichttechnischen Begriffen, um das Verstehen vieler Literaturergebnisse
(z.B. Abb. 3.29) zu erleichtern.

1 Stilb   =   1 sb = 10^4 cd/m² = 1 cd/cm²

1 Apostilb =   1 asb = $1/\pi$ cd/m² = 0.3183 cd/m²

1 Lambert   =   1 L = $10^4/\pi$ cd/m² = $3.183 \cdot 10^3 \cdot$ cd/m²

            =   1000 mL

1 foot-Lambert = 1 ft-L oder fl = 3.426 cd/m²

1 Troland = 1 td = Leuchtdichte (cd/m²) auf der Netzhaut bei
1 mm² Pupillenfläche

Intensity = Lichtstärke, Candela [cd]

Luminous flux = Lichtstrom, Lumen [lm]

Illumination = Beleuchtungsstärke, Lux [lx]

Brightness = Leuchtdichte [cd/m²].

3.4 Technische Anwendungen: Lokaladaptation, variable Bildauflösung

In diesem Abschnitt wird zunächst eine Methode zur Verarbeitung von
Videosignalen beschrieben, durch welche der Einfluß einer inhomogenen
Szenenbeleuchtung kompensiert werden kann /3.12/. Diese Methode führt
zu einer Reduktion der Bilddynamik, d.h. des dargestellten Leuchtdichtebereichs, ohne den Detailkontrast von Bildstrukturen zu beein-
flussen. Vorbild für dieses Verfahren waren Modellvorstellungen zum
Adaptationsmechanismus biologischer Rezeptoren.

Auf eine optimale beleuchtungstechnische Anpassung der Bildszene an das
benutzte Bildaufnahmesystem muß bei Aufnahmen außerhalb des Fernseh-
studios in den meisten Fällen verzichtet werden. Das bedeutet, daß die
Beleuchtungsstärke der Szenenbeleuchtung über dem Aufnahmeort so stark
variieren kann, daß die Bild-Aufnahme und -Wiedergabesysteme nicht mehr
den gesamten Leuchtdichtebereich verarbeiten können.

So kann beispielsweise der Betrachter eines Monitorbildes, das einen
nachts durch Straßenlaternen erhellten Parkplatz zeigt, Einzelheiten
nur unmittelbar unter dem jeweiligen Beleuchtungskörper erkennen, während
Objekte im Übergangsbereich zweier Lichtkegel durch den Monitor nicht
mehr oder nur sehr schlecht wiedergegeben werden. In Abb. 3.32 links ist
solch ein inhomogen ausgeleuchteter Parkplatz dargestellt.

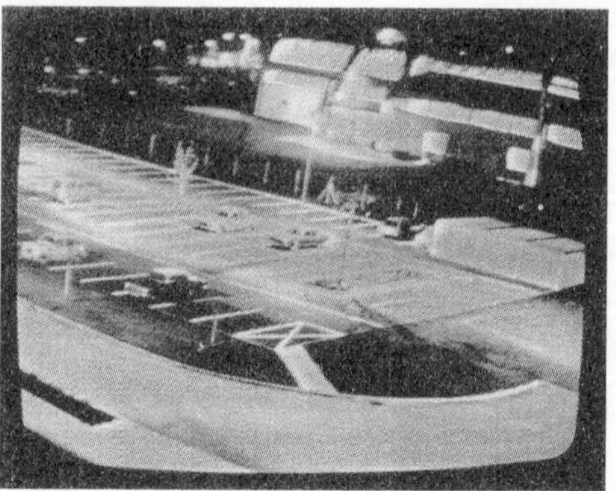

Abb. 3.32: Beispiel für die nächtliche Beleuchtung eines Parkplatzes;
links: unverarbeitetes Monitorbild, rechts: nach lokal-
adaptiver Videosignalverarbeitung

Während einige Bildpartien auf dem Monitor einen Übersteuerungseffekt zeigen, tritt in anderen Bereichen am unteren Ende der Aussteuerkennlinie des Monitors eine Verzerrung der Grauwertabstufungen ein.

Betrachtet man die Funktionsblöcke des Fernsehsystems bezüglich ihres Arbeitsbereichs, so stellt man ein sogenanntes "Dynamikgefälle" zwischen Kamera und Wiedergabegerät fest. Dabei ist der Monitor das schwächste Glied innerhalb der Fernsehübertragungskette. Während die Aufnahmeröhre einer Fernsehkamera eine Bilddynamik bis etwa 200:1 verarbeiten kann, ergibt der auf guten Monitoren dargestellte Leuchtdichtebereich von 4 - 200cd/m² eine Bildwiedergabedynamik von nur 50:1.

An Anlehnung an die Empfindlichkeitsverstellung oder Adaptation retinaler Rezeptoren durch die mittlere Beleuchtungsstärke in ihrer Umgebung, wird auch bei der technischen Lösung ein lokaler Mittelwert für die Umgebung jedes Bildpunktes $L(x,y)$ entsprechend Abb. 3.33 gebildet und zur Korrektur des Leuchtdichtewertes $L(x,y)$ benutzt.

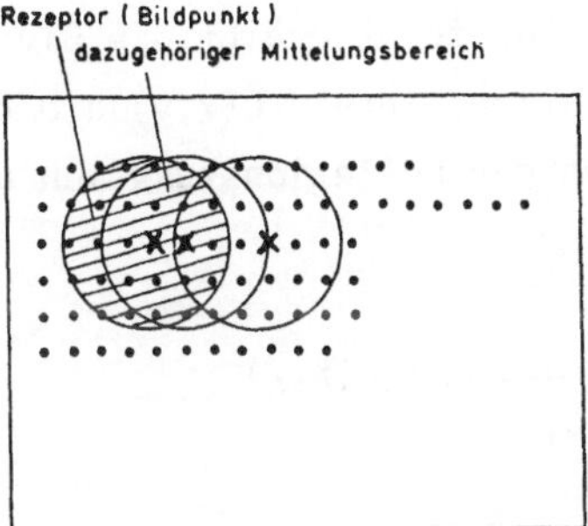

__Abb. 3.33:__ Schematische Darstellung der lokalen Helligkeitsmittelung.

Dieser Mittelungsprozeß entspricht einer Tiefpaßfilterung. Er läßt sich
mit Hilfe einer Fensteroperation durchführen, wobei eine Blende mit einer
bestimmten ortsabhängigen Durchlässigkeit bzw. eine Gewichtsfunktion
G(x,y) über das Grauwertbild bewegt wird. Dieser Vorgehensweise entspricht
folgende Faltungsoperation

$$\bar{L}(x,y) = \int\limits_{\infty}^{\infty}\!\!\int L(x',y') \cdot G(x-x', y-y')\, dx'dy' \tag{3.5}$$

Hier ist L(x,y) das ursprüngliche Grauwertbild und G(x,y) die Gewichts-
oder Blendenfunktion.
Unter den beiden notwendigen Voraussetzungen

1. Die Ortsfrequenzspektren der Beleuchtungsstärke E(x,y) und der Reflexionsfunktion $\rho(x,y)$ überlappen sich nicht.

2. Das Ortsfrequenzspektrum der Blendenfunktion G(x,y) ist innerhalb
   des Spektralbereiches der Beleuchtungsstärke E(x,y) konstant und
   außerhalb identisch Null.

ergibt sich aus Gl.3.5

$$\bar{L}(x,y) = c_1 \cdot E(x,y)$$

mit c_1 = const.

Unter Benutzung von Gl. 2.3 aus Kapitel 2 ergibt die Division des scharfen
Signals $L(x,y)$ durch das "Adaptationssignal" $\bar{L}(x,y)$ die korrigierte Leuchtdichte $L_a(x,y)$, die nur noch von der Reflexionsfunktion abhängt

$$L_a(x,y) = \frac{L(x,y)}{\bar{L}(x,y)} = \frac{1}{c_1 \cdot \pi} \cdot \rho(x,y) \qquad (3.6)$$

Diese Signalverarbeitungsmethode wird als Lokaladaptation bezeichnet.
Sie läßt sich mit Hilfe des in Abb. 3.34 dargestellten Strukturbildes
veranschaulichen.

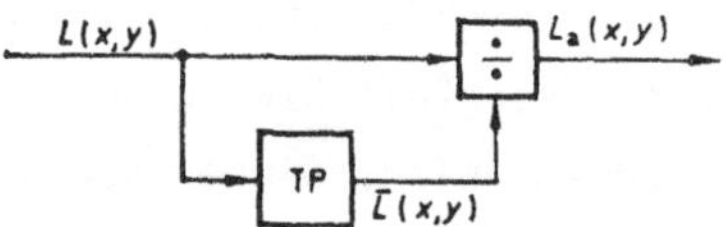

Abb. 3.34: Strukturbild der Lokaladaptation für die Videosignalver-
           arbeitung.

Zusätzlich zum normalen Signalverlauf wird also durch örtliche Tiefpaßfilterung ein Steuersignal erzeugt, das zusammen mit dem normalen Bild-
signal nach der Division das Ausgangssignal ergibt.

Für die meisten praktischen Anwendungen sind die o.g. beiden Forderungen
nur näherungsweise erfüllt. Auf die Schwierigkeiten einer Darstellung
nach Gl. 3.6 wurde in Abschnitt 2.1 ausführlich eingegangen. Trotzdem
zeigen die bisherigen Ergebnisse, daß das technische Verfahren der Lokaladaptation ohne den störenden Eindruck einer Bildverfremdung zu einer
wesentlichen Verbesserung des Monitorbildes bei schlecht ausgeleuchteten
Szenen beitragen kann wie das Beispiel der Parkplatzszene in Abb. 3.32
links zeigt.

Neben der Lokaladaptation soll in diesem Abschnitt auf eine weitere technische Anwendung eingegangen werden. Hier wird vorgeschlagen, die Zahl der
dargestellten Bildpunkte in Abhängigkeit vom Abstand zum Fixationspunkt
entsprechend dem Verlauf der menschlichen Sehschärfe nach Abb. 3.27 zu

variieren /3.13/. Eine einfache Modellrechnung zeigt, wie weit die Anzahl
der dargestellten Bildpunkte verringert werden könnte, ohne daß ein Beobachter eine Verschlechterung der Bildqualität wahrnehmen würde.

Angenommen der foveale Bereich um den Fixationsort habe den Radius $1°$.
Hier sollen 100 Zeilen/Grad Sehwinkel dargestellt werden, was der Darstellung von $\pi \cdot 10^4$ Bildpunkten innerhalb eines Kreises mit $1°$ Radius
entspricht. Außerhalb dieses fovealen Bereiches also für $r>1°$ soll die
Zahl der Zeilen pro Grad nach der Funktion $10^4 \cdot r^{-0.87}$ abnehmen, entsprechend der Abnahme der menschlichen Sehschärfe, wobei r der Abstand
zum Fixationspunkt in Grad Sehwinkel bedeutet.

Die Zahl N der Bildpunkte innerhalb des Kreisrings $1° \leqq r \leqq 3.5°$ ergibt sich
durch die folgende Integration

$$N = 2\pi \cdot 10^4 \int_1^{3.5} r^{-0.74} \, dr = 9{,}42 \cdot 10^4.$$

Zusammen mit den $\pi \cdot 10^4$ Bildpunkten des zentralen Bereiches ergeben sich
$13{,}87 \cdot 10^4$ Bildpunkte gegenüber $38{,}48 \cdot 10^4$ Bildpunkten bei einer konstanten
Dichte von 10^4 Punkten pro Flächeneinheit (Grad^2), was eine Reduktion
um einen Faktor drei ergibt.

Wird die ursprüngliche Bandbreite des optischen Übertragungssystems beibehalten, dann läßt sich aufgrund der oben beschriebenen Verarbeitung
der aufgenommene bzw. dargestellte Sehwinkelbereich erheblich vergrößern.
Wird der ursprüngliche Sehwinkelbereich beibehalten, dann läßt sich die
Bandbreite bei gleichem Informationsgehalt für den Beobachter erheblich
verringern.

Die Schwierigkeiten bei einer technischen Realisierung bestehen darin,
daß der Fixationsort gemessen werden muß und entsprechend diesem Meßwert
die ortsabhängige Rasterung in dem Aufnahmesystem in Echtzeit durchzu-
führen ist.

Literatur zu Kapitel 3

/3.1/   R.N. Haber, M. Hershenson, The Psychology of Visual Perception,
         Holt, Rinehart and Winston, London, 1974.

/3.2/   O.D. Crentzfeldt, B. Sakmann, H. Scheich, A. Korn, Sensitivity
         Distribution and Spatial Summation Within Receptive Field Center,
         J. Neurophysiology 33, 654-671, 1970.

/3.3/   P.H. Lindsay, D.A. Norman, An Introduction to Psychology,
         Academic Press, New York, 1977.

/3.4/   H. Wässle, Untersuchungen zur Physiologie der Sehschärfe,
         Dissertation Univ. München, 1971.

/3.5/   siehe /3.4/ Seite 16.

/3.6/   J.P. Frisby, Seeing, Illusion, Brain and Mind, Oxford University
         Press, Oxford, 1979.

/3.7/   E. Hartmann, Beleuchtung und Sehen am Arbeitsplatz, W. Goldmann
         Verlag, München, 1970.

/3.8/   G. Westheimer, Visual Acuity, Ann. Rev. Psychol. 16, 359-380,
         1965.

/3.9/   M. Spreng, Grenzen der sensorischen Informationsverarbeitung des
         Menschen, Naturwissenschaftliche Rundschau, 11, 377-386, 1976.

/3.10/   siehe /3.7/, S. 115.

/3.11/   F.S. Werblin, The Control of Sensitivity in the Retina, Scientific
         American, Jan. 1973.

/3.12/   G. Wedlich, Ein lokaladaptives Bildverarbeitungsverfahren zum
         Helligkeitsausgleich von ungleichmäßig ausgeleuchteten Fernseh-
         bildern, Dissertation an der TU Braunschweig, 1980.

/3.13/   D. Paul, Beobachterangepaßtes Fernbeobachtungssystem mit
          reduzierter Übertragungsbandbreite, IITB-Bericht Nr. 9222,
          1977.

/3.14/   A. Korn, H. Scheich, Übertragungseigenschaften der Katzen-
          retina, Kybernetik $\underline{8}$, S. 179-188, 1971.

4. Abtastung der Umwelt durch Augen- und Kopfbewegungen

4.1 Willkürliche und unwillkürliche Augenbewegungen

Beim Betrachten einer Szene werden durch Augenbewegungen sukzessiv
Details auf die fovea abgebildet, wobei das optische Ziel unwillkürlich gewählt, aber der dynamische Bewegungsablauf nicht willkürlich
beeinflußt werden kann.

Man unterscheidet vier Arten von Augenbewegungen, die jeweils von
einem eigenen nervösen System kontrolliert werden. Ruckartige Augenbewegungen (Sakkaden) z.B. bei Blickwechseln von Objekt zu Objekt,
langsame (glatte) Folgebewegungen beim Verfolgen eines bewegten Objektes, vestibuläre Bewegungen, die von Impulsen des Bogengangsystems
ausgehen und dem Festhalten des Fixationspunktes bei Kopfbewegungen
dienen und Vergenzbewegungen beim Fixieren des Bildes auf ein Objekt
durch Konvergenz oder Divergenz der Sehachsen.

Bei Vergenzbewegungen ändert sich der Winkel zwischen den beiden Sehachsen. Werden diese Bewegungen durch eine Disparität in der egozen-
trischen Lokalisierung der visuellen Felder beider Augen ausgelöst,
dann nennt man sie Fusions-Vergenzbewegungen. Sie haben also unmittelbare Bedeutung für das räumliche Sehen. Nach einer Reaktionszeit von
ca. 160 msec werden weitere 800 msec zum Erreichen der Endposition
benötigt.

Das schnelle und genaue Ausrichten der Sehachsen durch jeweils sechs
Augenmuskeln ist eine natürliche physiologische Aktivität beim Menschen,
die eng verknüpft ist mit der inhomogenen Struktur seiner Retina und
Eigenschaften der visuellen Wahrnehmung. Der Zustand der Ausrichtung
der Sehachsen auf ein Sehobjekt wird als Fixation bezeichnet. Hierbei
wird das Objekt auf den Bereich der fovea centralis abgebildet, deren
Fläche weniger als den 10^{-4}ten Teil des gesamten Sehfeldes beträgt und
in derem Zentrum sich der Bereich mit dem höchsten Auflösungsvermögen,
die Foveola, befindet (etwa 20' Durchmesser).

Auch bei angestrengter Fixation bewegen sich unwillkürlich beide Augen, wobei Flicks oder <u>Mikrosakkaden</u>, hochfrequenter Tremor und langsame Drift unterschieden werden.

Die Mikrosakkaden haben bei Amplituden zwischen 2' und 50' eine mittlere Amplitude von etwa 5' und eine Dauer zwischen 10 und 20 msec.

Der <u>Tremor</u> ist eine Zitterbewegung des Auges mit einer Frequenz von 70-90 Hz und Amplituden zwischen 20'' und 30'' (1 bis 1.5-fache Zapfenbreite).

Die langsame <u>Drift</u> hat bei einer mittleren Amplitude von 2,5' eine Geschwindigkeit von etwa 6'/sec.

Über die Rolle von Fixationsbewegungen beim Suchvorgang wird noch spekuliert. Zumindest scheinen Driftbewegungen das Verschwinden des Seheindrucks zu verhindern, welcher bei stabilisierten Netzhautbildern auftritt.

Langsame Augenbewegungen

Das Bild eines Objektes, das sich nicht schneller als 20-30°/sec. relativ zum Auge bewegt, kann recht genau mit Hilfe von <u>langsamen Augenbewegungen</u> im fovealen Bereich stabilisiert werden. Augenfolgebewegungen können jedoch bis zu Winkelgeschwindigkeiten von etwa 120°/sec ausgeführt werden, wobei die Geschwindigkeits- und Positionsfehler etwa proportional zur Objektgeschwindigkeit zunehmen. Die Latenzzeit von etwa 125 msec bis zum Beginn der Folgebewegung ist wesentlich kürzer als diejenige für Sakkaden.

Beim Verfolgen einer sinusförmigen Bewegung ist die Verstärkung für Frequenzen bis 1 Hz etwa konstant. Das System besitzt Tiefpaßeigenschaften mit einer "cut off" Frequenz von 3 Hz. Die Genauigkeit der fovealen Stabilisierung bei normalen Folgebewegungen kann nur erreicht werden durch einen kontinuierlichen Regelkreis zur Geschwindigkeitsregelung und einen diskontinuierlichen oder sakkadischen Zweig zur Positionsregelung. Es gibt hierzu zahlreiche Modelle, auf die hier nicht näher eingegangen werden soll.

Für die Leistungsverschlechterung bei Suchaufgaben in bewegten Szenen sind hauptsächlich verantwortlich

- die etwa linear zunehmende Verschlechterung der fovealen Sehschärfe mit wachsender Geschwindigkeit, die z.B. bei 30°/sec etwa 100% beträgt.

- der zunehmende Positionsfehler, der periphere Reizorte mit den entsprechend verringerten Sehleistungen zur Folge hat.

- der zunehmende Geschwindigkeitsfehler, der zu einer Verschmierung oder Tiefpaßfilterung des retinalen Objektbildes führt.

Willkürliche Sakkaden

Der Wechsel von Fixationspunkten beim Betrachten einer Szene erfolgt durch sprunghafte Augenbewegungen mit Amplituden zwischen 1° und 40°. Durch diese sogenannten Makrosakkaden wird das Bild eines Zieles in den fovealen und unter Umständen auch parafovealen Bereich der Retina verschoben. Bei der visuellen Informationsaufnahme ist die Wahrnehmung des Sakkadenzieles ein wesentlicher Bestandteil des Programms zur Sakkadensteuerung. In diesem Sinne sind Sakkaden eine zielgerichtete motorische Aktivität. Das sakkadische System spielt bei dem Prozeß der visuellen Informationsaufnahme eine so wichtige Rolle, daß im folgenden etwas ausführlicher auf dieses System eingegangen wird. Ein Beispiel für sakkadische Suchbewegungen gibt Abb. 4.1 wieder. Hier sollte ausgehend von der Bildmitte das Fahrzeug rechts unten gefunden werden.

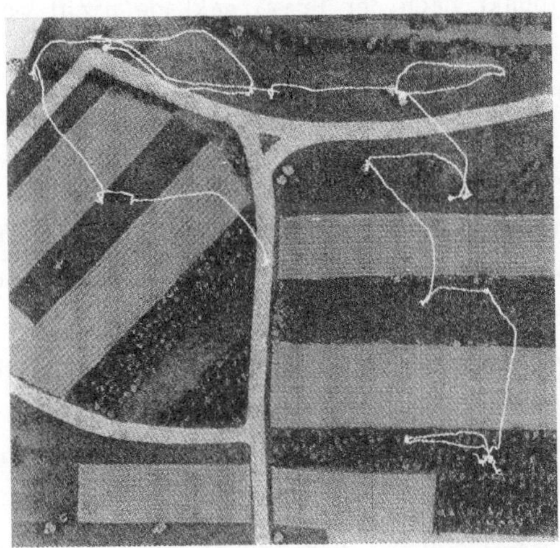

Abb. 4.1: Registrierung von Augenbewegungen bei der Suche nach dem Fahrzeug rechts unten. Ausgangspunkt ist die Bildmitte /4.8/.

Programmierung der Sprungweite

Zunächst muß vor der Sakkade mit Hilfe der visuellen Afferenz die Sakka-
dengröße und -richtung, d.h. der Sollwert ermittelt werden. Da die Sakkade
eine vorprogrammierte, ohne Rückführung ablaufende Bewegung ist, muß ihre
exakte Ausführung mit Hilfe retinaler und/oder nichtretinaler Information,
wie z.B. propriorezeptive Signale der Augenmuskeln, überprüft werden und
evtl. Abweichungen durch Korrektursakkaden ausgeglichen werden. Die Um-
setzung der metrischen Information im Objektraum in egozentrische Raum-
koordinaten wird im Rahmen der Sakkadenprogrammierung so festgelegt, daß
der auslösende Reiz nach der Sakkade möglichst genau auf der Blickachse
liegt.

Die sakkadische Reaktion ist bis zu 50 msec vor ihrem Beginn durch Verschiebung des Sakkadenziels noch modifizierbar. Dabei wird eine Verkürzung
oder ein Richtungswechsel der Sakkade meistens, eine Verlängerung der
Sakkade dagegen nie berücksichtigt. Erfolgt die Verschiebung des Sakkadenzieles dagegen kurz vor der Sakkade, wird die primäre Sakkade nicht mehr
beeinflußt. Sie bewirkt jedoch eine sekundäre sakkadische Reaktion, selbst

dann, wenn der Zielpunkt nach der Primärsakkade nicht mehr vorhanden ist.
Die präsakkadische Information über den Ort des Sakkadenzieles muß also
nach der Sakkade in einem Speicher noch vorhanden sein.

In Abhängigkeit von der Sprungweite wächst der Positionsfehler, wobei
das Auge in den meisten Fällen zu kurz springt. Dieser Fehler wird durch
1-2 zusätzliche Sakkaden mit geringeren Latenzzeiten (50-100 msec)
korrigiert. Durch Fovea-nahe Reize (< 10° Exzentrizität) wird meist eine
Sakkade, durch mehr periphere Reize werden meist zwei Sakkaden ausgelöst,
wobei in Abhängigkeit von der Exzentrizität verschiedene Verarbeitungs-
mechanismen bei der Programmierung angenommen werden. Die Genauigkeit
der Primärsakkade beträgt bei kleineren Sakkaden (3°-4°) $\pm$ 0.3°, bei
größeren Sakkaden (> 8°) $\pm$ 0.6°. Die Verteilung der Sprungweiten bei
Zielorten zwischen 3° und 4.5° Exzentrizität geht aus Abb. 4.2 hervor.

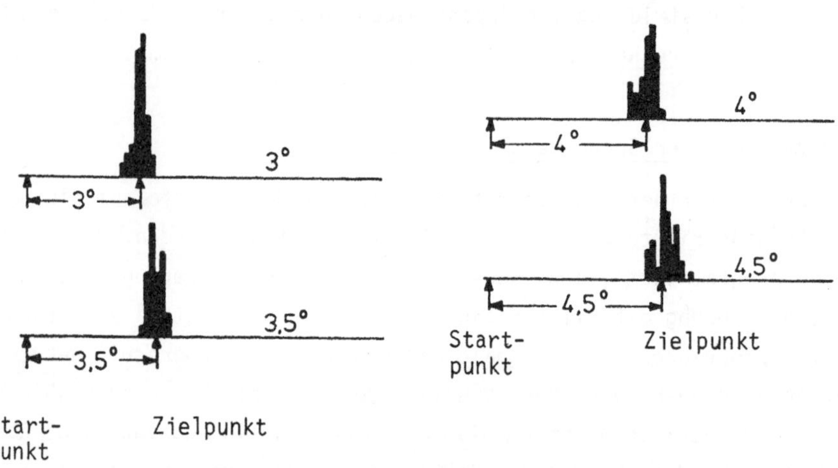

<u>Abb. 4.2:</u> Histogramm von Sakkaden-Amplituden für willkürliche Sakkaden
bei verschieden weit entfernten Zielpunkten. Die Genauigkeit
beträgt etwa $\pm$ 0.3° /4.1/.

Als Richtwert für die Sprungweite beim Betrachten von Bildern wird häufig
3.5° genommen. Die mittlere Sprungweite bei Leseaufgaben wird mit 2° angegeben und liegt damit wesentlich niedriger.

Die Latenzzeiten bis zum Beginn einer Sakkade liegen normalerweise zwischen 125-250 msec in Abhängigkeit von Zielparametern wie Kontrast oder Ortsfrequenz bzw. a-priori-Wissen über den Reizort. Sie hängen nicht ab von der Exzentrizität des Reizortes.

Die Fixationsdauer hängt ebenfalls von dem Bildparametern ab. Sie liegt bei Suchaufgaben in Bildern zwischen 250-350 msec und hat einen Anteil von etwa 85% an der gesamten Suchzeit.

4.2 Das nutzbare Sehfeld

Bei der Betrachtung eines Bildes wird zu einem bestimmten Zeitpunkt jeweils nur ein relativ kleiner Bereich bewußt verarbeitet, dessen Ausdehnung vom Bildinhalt und subjektiven Faktoren wie z.B. Aufmerksamkeit oder Aufgabenstellung abhängen.

Bestimmte Objekte ziehen i.a. die Aufmerksamkeit an und lösen entsprechende Augenbewegungen aus, während andere Objekte unbeachtet bleiben.

Ein Aspekt bei der Erklärung dieses selektiven Verhaltens ist die Abhängigkeit der Sehschärfe vom Abbildungsort des Reizes mit der Retina, die in Abb. 3.27 dargestellt ist. Etwas genauer wird der Kurvenverlauf in Abb. 4.3 wiedergegeben.

Es ist naheliegend, die Retina entsprechend dem prinzipiell ähnlichen Verlauf der Kurven in Abb. 4.3 in drei Bereich aufzuteilen

- den fovealen Bereich mit einem Radius von etwa 1° Sehwinkel um die Foveola,

- den parafovealen Bereich mit einem Radius von etwa 10° um die Foveola

- den peripheren Bereich außerhalb des parafovealen Bereichs.

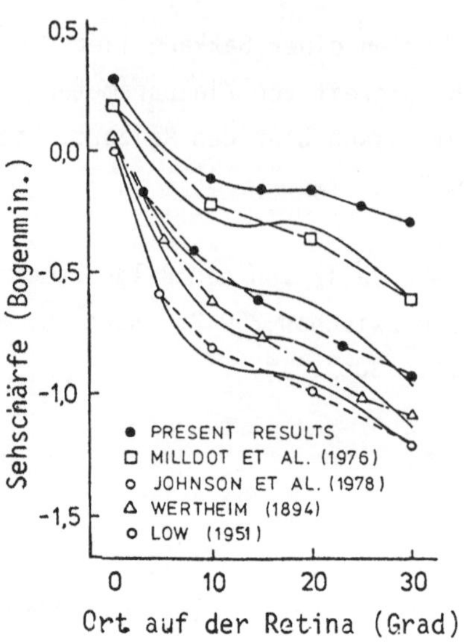

Abb. 4.3: Sehschärfe als Funktion des Abbildungsortes auf der Retina
(Exzentrizität) entsprechend den Messungen mehrerer
Autoren /4.2/.

Die ortsabhängige Sehschärfe oder das Detailauflösungsvermögen beeinflußt
den Prozeß der visuellen Informationsaufnahme besonders dann, wenn zur
Ziel-Hintergrundtrennung unterschiedliche Formmerkmale (Details) herangezogen werden müssen. Das ist ein Teilaspekt in einem Modell, welches
in /4.3/ zur Beschreibung der menschlichen visuellen Informationsverarbeitung entwickelt wurde.

Hier wird zwischen subjektiven und objektiven Faktoren bei der Selektion
von optischen Zielen unterschieden. Unter "visueller Auffälligkeit" wird
die Menge der physikalisch meßbaren Eigenschaften verstanden, welche die
Detektionswahrscheinlichkeit bei sehr kurzen Darbietungszeiten bestimmen.
Als experimentelles Maß für die "visuelle Auffälligkeit" wird die Größe
des Sehfeldes um den Fixationspunkt herangezogen, in welchem das relevante
Objekt während einer sehr kurzen Darbietung (ca. 0,1 s) entdeckt werden
kann ohne a-priori-Wissen der Position.

Kennt der Beobachter vorher den möglichen Zielort, dann ist das Ziel in
einem größeren Bereich detektierbar (ohne Suchbewegungen), dem sogenannten
"Seh- oder Visibility-Bereich". Dieser Bereich ist größer als der "visuelle Auffälligkeitsbereich", weil eine Aufmerksamkeitsverlagerung in
Richtung der relevanten exzentrischen Zielposition angenommen wird,
gesteuert durch das a-priori-Wissen. Abb. 4.4 a, b und Abb. 4.5 veranschaulichen diese Modellvorstellung.

In Abb. 4.4 b werden vier Stufen für die Informationsanalyse und -aus-
wahl vorgeschlagen. Neben der sensorischen und kognitiven Auswahl gibt
es eine Eingangsstufe, bei welcher eine Auswahl innerhalb des angebotenen
Reizes erfolgt, indem die visuellen und/oder auditiven Rezeptoren auf den
interessierenden Reiz hin ausgerichtet werden. Die vierte (Ausgangs-)
Stufe nimmt eine Auswahl bezüglich geeigneter Antwortmuster vor, z.B.
sprachliche Äußerung, Tastaturbedienung oder auch Informationsspeicherung
im Langzeitgedächtnis.

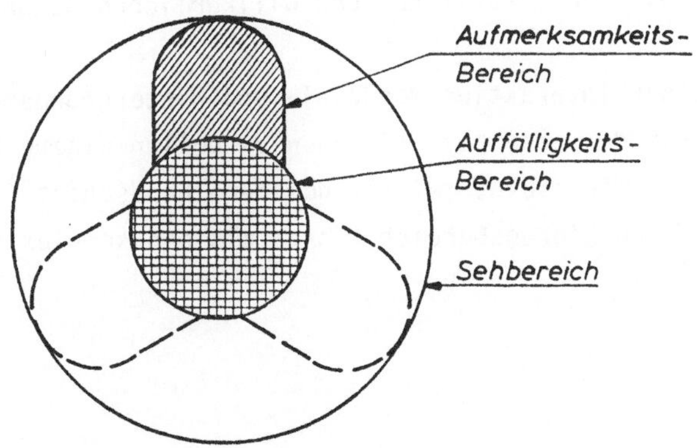

a)

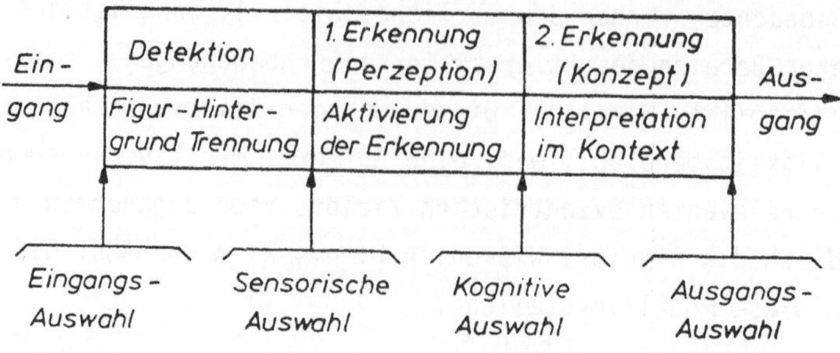

b)

<u>Abb. 4.4:</u> Modelle der visuellen Informationsauswahl und -analyse aus
/4.3/. In a) ist ein Schema für die Flächenverhältnisse von
Bereichen dargestellt, in denen eine Musterunterscheidung
möglich ist bei verschiedenen Versuchsbedingungen. In b)
werden vier Stufen für die Informationsauswahl vorgeschlagen.

In Abb. 4.5 wird veranschaulicht, wie nach der Merkmalsextraktion die
visuelle Auffälligkeit als Aktivierung bestimmter Informationsverar-
beitender Kanäle zustande kommt. Aufmerksamkeit und kognitive Verarbeitung bestimmen die unwillkürlichen und willkürlichen Augenbewegungen.

Aus der Annahme einer Interaktion von Ziel- und Hintergrundsmerkmalen
folgt, daß die Größe der oben beschriebenen visuellen Einzugsbereiche
kontextabhängig sein wird: Eine relativ homogene Landschaft (z.B. Felder)
wird zu einem größeren Einzugsbereich führen als ein komplex strukturiertes
Bild (z.B. Dorf).

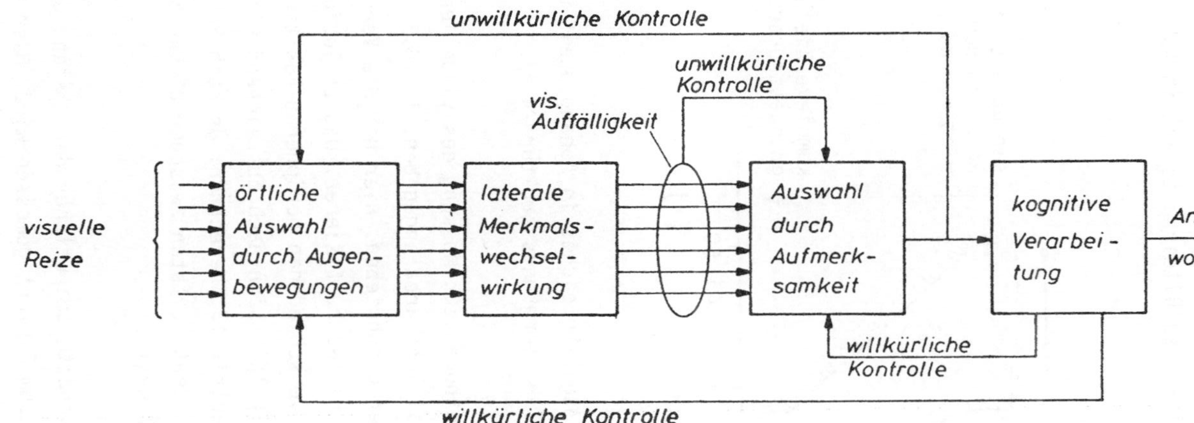

Abb. 4.5: Schema eines Modells für die selektive Datenreduktion im visuellen System durch Augenbewegungen und Aufmerksamkeitssteuerung /4.3/. Visuelle Auffälligkeit bedeutet Aktivierung von Übertragungskanälen aufgrund von Verarbeitungsergebnissen der Merkmalextraktionsstufe.

Ein vereinfachtes Schema für die Verkleinerung des Aufmerksamkeits-
feldes mit wachsender Komplexität des Bildinhalts ist in Abb. 4.6
wiedergegeben.

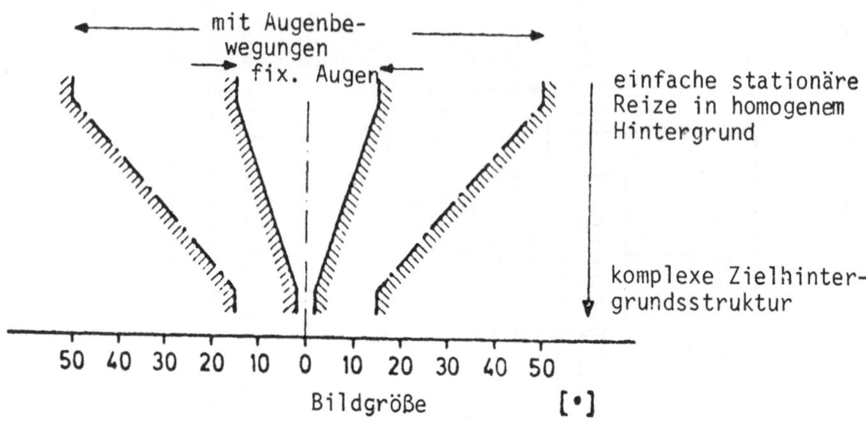

<u>Abb. 4.6:</u> Größe des Aufmerksamkeitsbereiches in Abhängigkeit von der
Komplexität der Ziel-Hintergrundsstruktur /4.4/.

In der Literatur werden zwei Methoden zur Messung des visuellen Auf-
fälligkeitsbereiches oder visual lobe area angegeben. In /4.3/ wird
ein tachistoskopisches Verfahren beschrieben. Hier hat die Versuchs-
person den Mittelpunkt eines Schirmes zu fixieren. Das Zielobjekt erscheint für eine kurze Zeit an verschiedenen peripheren Positionen.
Die Detektionswahrscheinlichkeit läßt sich nach ausreichend vielen
Messungen als Funktion der Exzentrizität berechnen. Je nach Schwierigkeit der Aufgabe ergaben sich Exzentrizitäten zwischen 2° und 6.8° für
eine 50% Detektionswahrscheinlichkeit.

In /4.5/ wird eine Methode verwendet, bei welcher der Abstand der letzten
Fixation vor der Zieldetektion zum Zielort gemessen wird. Hier wird ange-
nommen, daß während des Suchprozesses das Ziel bei einem bestimmten Fixa-
tionsort peripher wahrgenommen wird und mit der nächsten Sakkade das
Ziel fixiert wird. Es ergeben sich mittlere Sprungweiten für die letzte
Sakkade vor der Zielfixation zwischen 6° und 10°.

4.3 Koordination von Kopf- und Augenbewegungen, Bezugssysteme

Für die Durchführung von Regelungsaufgaben bei optischen Eingangsreizen
gibt es prinzipielle zeitliche Begrenzungen allein durch die <u>visuellen</u>
<u>Verarbeitungszeiten</u>, gleichgültig, welches motorische System (z.B. Hand-,
Augen- Kopfmuskeln) zur Beantwortung des Reizes herangezogen wird. Diese
visuellen Verarbeitungszeiten sind im einzelnen:

- ca. 30 ms für Absorbtion und Erzeugung eines elektrischen Potentials
  in der Rezeptorschicht des Auges

- 5 ms Impulsleitung zum Stammhirn, wo spontane Augenbewegungen gesteuert werden

- 100 ms Verarbeitungszeit im Gehirn zur Berechnung der Steuer-Impulse
  an die Muskeln

- 5 ms Impulsleitung z.B. zu den Augenmuskeln.

So vergehen bis zum Beginn z.B. einer Augenbewegung in Richtung eines
unerwarteten Lichtreizes mindestens 150 ms.

Ist der Ort des optischen Reizes in Abhängigkeit von der Zeit vorher-
sehbar, dann sorgt ein <u>Prädiktor</u> im Gehirn für eine drastische Reduktion
der Verzögerungszeiten bis hin zu einer richtigen Reaktion vor Erscheinen des physikalischen Reizes.

Der Wechsel von Fixationspunkten beim Betrachten einer Szene erfolgt
durch sprunghafte Augenbewegungen, sog. Sakkaden. Sie sind charakteri-
siert durch hohe Anfangsbeschleunigungen (bis 40000 Grad/s^2) und Spitzen-
geschwindigkeiten zwischen 400 und 600 Grad/s. Die Dauer einer Sakkade
schwankt je nach Amplitude zwischen 30 und 120 ms. Die Amplituden liegen
im allgemeinen zwischen 1 und 40 Grad. Bei mehr als 30 Grad Exzentrizität werden häufig zuerst Kopfbewegungen ausgeführt. Bei der Zielsuche
in nicht zu kleinen Zielgebieten (ab 15 Grad Durchmesser) treten i.a.
Augen- <u>und</u> Kopfbewegungen auf.

Die schnelle und genaue Koordination von Augen- und Kopfbewegungen ist eine natürliche physiologische Aktivität beim Menschen, die eng verknüpft ist mit seiner Wahrnehmung und der Reaktion auf Umgebungsreize.

Der visuelle Fixationsvorgang läßt sich hier in drei motorische Phasen zerlegen: Sakkadische Augenbewegungen, Sakkaden-ähnliche Kopfbewegungen und kompensatorische Augenbewegungen. Den zeitlichen Verlauf dieses Vorgangs gibt Abb. 4.7 wieder für den Fall eines fixierten und eines frei beweglichen Kopfes.

Das Auge führt eine Sakkade aus in Richtung des Ziels. Geringfügig verzögert (50 ms) bewegt sich auch der Kopf in die Zielrichtung, jedoch mit einer wesentlich geringeren Geschwindigkeit. Diese beträgt maximal zwischen 150 und 200 Grad/s. Das Auge erreicht seine maximale Amplitude zu einem Zeitpunkt, bei dem die Kopfbewegung noch lange nicht zum Stillstand gekommen ist.

Das Auge beginnt eine Gegenbewegung zum Kopf, welche im wesentlichen die weitere Kopfbewegung kompensiert, so daß am Ende des Fixationsvorganges die Augenstellung relativ zum Kopf nahezu die gleiche ist wie am Anfang. Die Kopfverschiebung hat normalerweise einen Anteil von 80 - 90% an der Gesamtverschiebung der Fixierlinie. Wie aus Abb. 4.7b hervorgeht, ist die Summe von Kopf- und Augenbewegungen ("gaze") etwa konstant. Verglichen mit Abb. 4.7a ist die Amplitude der Sakkade geringer augrund der bereits erfolgten Kopfdrehung. Die Dauer der Kopfbewegung bei Zielen zwischen 15 und 45 Grad ist etwa konstant und etwa dreimal größer als diejenige einer Sakkade.

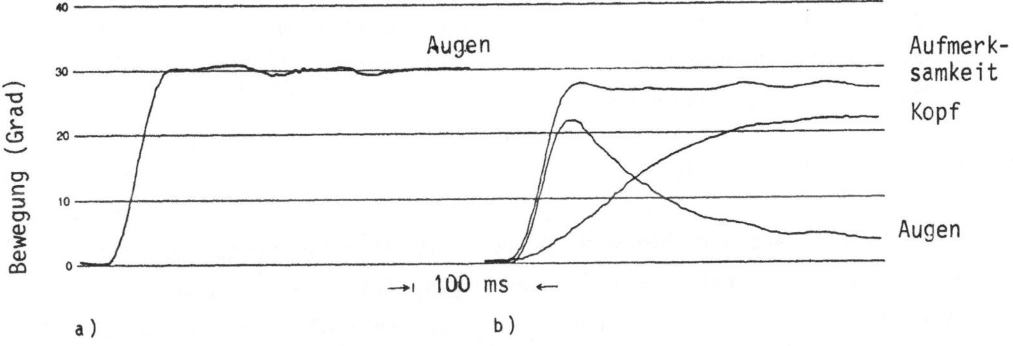

Abb. 4.7: Bewegungen mit fixiertem Kopf in a) und frei beweglichem
Kopf in b als Antwort auf einen unerwartet dargebotenen
optischen Reiz. Im Fall a) wird die Zielfixation allein
mit Hilfe von Augenbewegungen durchgeführt. Im Feld b)
erfolgt die Fixation über eine kombinierte Augen-Kopf-
Bewegung, wobei die Summe der Amplituden, hier mit "Gaze"
berechnet, etwa konstant bleibt /4.9/.

Das Auge-Kopf-Bewegungssystem /4.5/

Beim Verfolgen eines bewegten Objektes mit Hilfe von Augenfolgebewegungen ändert sich die Position des Objektbildes relativ zur Retina
nicht wesentlich. Trotzdem nehmen wir eine Bewegung wahr. Das neuronale System, das die Bewegungswahrnehmung bei Verschieben der
Bilder über die Netzhäute vermittelt, muß sehr verschieden sein von
dem, welches Bewegung signalisiert, wenn die Augen bewegt werden.
Irgendwie wird die Augenbewegung zum Gehirn gemeldet und dazu ver-
wandt, um die Bewegung von Gegenständen anzuzeigen. Weshalb bewegt
sich jedoch die Umwelt nicht, wenn wir die Augen bewegen?
Man nimmt an, daß Bewegung durch zwei neuronale Systeme signalisiert
wird, nämlich durch

- __das Bild-Netzhaut-System__, in welchem entschieden wird, ob eine zeit-
abhängige Erregung an verschiedenen Retinaorten als Bewegung eines
Musters zu interpretieren ist

- __das Auge-Kopf-System__.

Beide Systeme arbeiten während der normalen Augenbewegungen gegenein-
ander und annullieren ihre Meldungen gegenseitig, um die Sehwelt zu
stabilisieren. Nach der __Efferenztheorie__ von Helmholtz werden die Be-
wegungssignale von der Netzhaut durch die efferenten, d.h. die vom
Zentralnervensystem ausgehenden Kommandoimpulse zu den Augenmuskeln
über eine innere Kontrollverbindung aufgehoben. Ein grobes Schema
des Informationsflusses ist in Abb. 4.8 wiedergegeben.

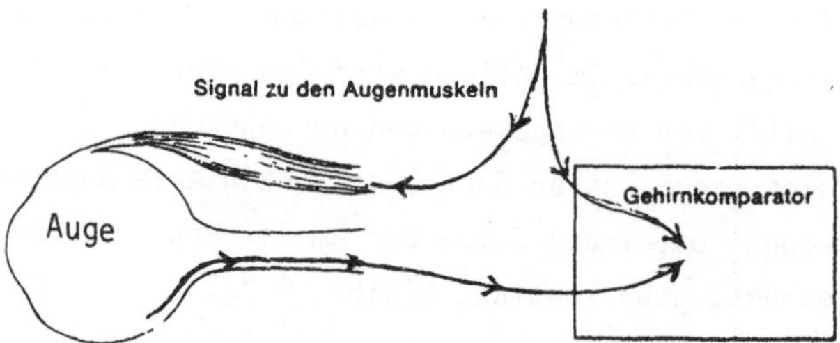

__Abb. 4.8:__ Schema des Informationsflusses nach der Efferenztheorie
von Helmholtz.

4.4 Technische Anwendungen: Steuerung technischer Systeme
über Kopfbewegungen

Wir betrachten den Fall, daß die Achse eines optoelektronischen Sensors,
z.B. einer FS-Kamera, auf einen bestimmten,gerade interessierenden
Szenenausschnitt ausgerichtet werden soll. Die Kamera kann mit Hilfe
der Hände entsprechend bewegt werden. Der direkteste Weg wäre jedoch,
die Augenstellung beim Betrachten des gerade interessierenden Bilddetails
zu messen und zum Ausrichten der Kameraachse zu benutzen. Wie aus dem
letzten Abschnitt hervorgeht, ist die Messung der Augenstellung u.a.
auch zur Erfassung von Suchstrategien in Bildern interessant. Deshalb
sollen im folgenden wichtige Methoden zur Messung der Augenbewegungen
vorgestellt werden, bevor eine weniger aufwendige Methode zur Bestimmung
der Visierlinie geschildert wird, bei welcher relativ einfach die Kopfstellung gemessen wird.

Augenbewegungsmessung

Eine im klinischen und psychologischen Bereich sehr häufig benutzte
Methode ist die Elektro-Okulographie (EOG). Hier wird die Potential-
differenz zwischen Cornea und Retina gemessen, welche bis 1mV betragen
kann (Cornea relativ zur Retina positiv). Normalerweise werden 15-200µV
gemessen, wobei Augenbewegungen mit etwa 20µV/Grad aufgelöst werden.
Der Ursprung des negativen Potentials liegt etwa 15° von der Fovea
entfernt auf der nasalen Seite. Ein Schema der Ableittechnik gibt
Abb. 4.9 wieder.

Mit Hilfe des EOG können Augenbewegungen bis zu $\pm$ 70° gemessen werden.
Die Linearität wird zunehmend schlechter für Winkel über $\pm$ 30°, besonders für vertikale Bewegungen. Typische Werte für die Genauigkeit
liegen bei $\pm$ 1.5 bis $\pm$ 2 Grad.

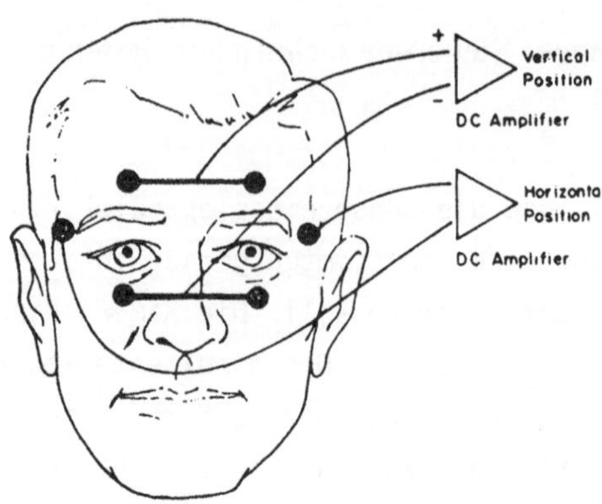

Abb. 4.9: Ableitung von horizontalen und vertikalen Augenbewegungen
mit Hilfe von Oberflächenelektroden (Elektro-Okulographie:
EOG) /4.6/.

Eine andere sehr häufig benutzte Methode ist die Messung der Cornea-
Reflexion. Die vordere Oberfläche der Cornea ist über einen Bereich
von etwa 25° annähernd kugelförmig mit einem Krümmungsradius von etwa
8 mm. Wie bei einem konvexen Spiegel entsteht ein virtuelles Bild der
beleuchtenden Lichtquelle. Der Cornea-Reflex wird als Glanzbild gesehen, dessen Position von der Augenstellung abhängt, da der Krümmungsradius des Augapfels von etwa 13 mm größer ist als derjenige der Cornea
(ca. 8 mm). Zusätzlich ist noch die Kopfstellung zu berücksichtigen.
Die geometrischen Verhältnisse bei dieser Meßmethode sind in Abb. 4.10
dargestellt.

In dieser Abbildung bedeuten d: seitliche Verschiebung des Augenzentrums
(z.B. durch Kopfbewegung), r: seitliche Verschiebung des Zentrums der
Cornea durch Augendrehung, A: Radius des Augapfels, a: Radius der Cornea,
Θ: Winkel der Augendrehung. Es ist

$$r = (A-a) \sin \Theta$$

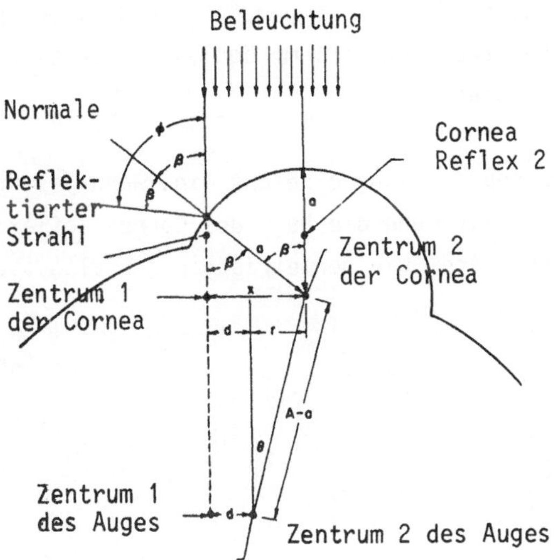

Abb. 4.10: Geometrische Verhältnisse bei der Reflexion eines parallel einfallenden Lichtbündels an der Cornea für zwei verschiedene Augenstellungen /4.6/.

Mit $x = d+r$, $\sin \beta = x/a$, $\phi = 2\beta$

ergibt sich für den Reflexionswinkel ϕ

$$\sin \phi/2 = (A/a-1) \sin \Theta + d/a. \tag{4.1}$$

Für kleine Winkel ϕ und Θ erhält man

$$\phi \approx 2[(A/a-1)\Theta + d/a] \tag{4.2}$$

Der von Kopfbewegungen abhängige Faktor d/a kann zu großen Fehlern führen, wenn sich der Kopf relativ zur Lichtquelle bewegt. Mit $A = 13.3$mm und $a = 8.0$ mm ergibt sich aus Gl.4.2

$$\phi = 1{,}3\ \Theta + 860\ d$$

wo ϕ und Θ in Bogenminuten und d in mm gemessen werden. Beispielsweise
ist die Änderung der Kopfstellung um 1 mm äquivalent zu einer Augendrehung von mehr als 12 Grad.

Unabhängigkeit von der Kopfstellung erreicht man, wenn das Pupillenzentrum
als Bezugspunkt genommen wird und die Lage des Cornea-Reflexes relativ
zu diesem Punkt gemessen wird. Die geometrischen Verhältnisse sind in
Abb. 4.11 veranschaulicht.

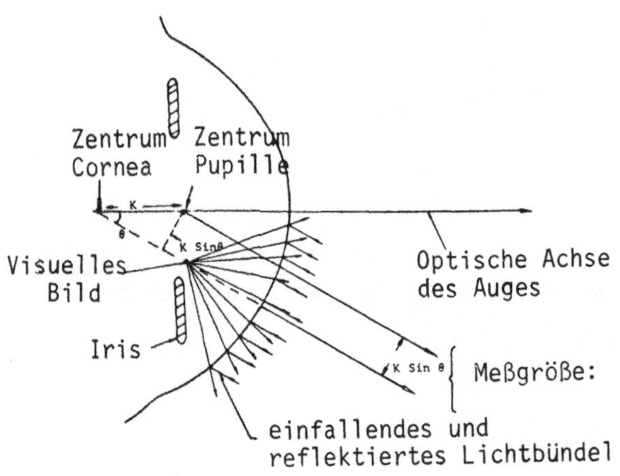

Abb. 4.11: Die Verschiebung des Cornea-Reflexes relativ zum Pupillenzentrum, K sind Θ, ist proportional zu der Richtung Θ des
Auges und unabhängig von Kopfverschiebungen.

Der unkorrigierte lineare Bereich bei allen Methoden, die auf der Messung
des Cornea-Reflexes aufbauen und nur eine Lichtquelle benutzen, ist auf
Augendrehungen von $\pm$ 12 bis $\pm$ 15 Grad vertikal oder horizontal beschränkt.
Zusätzlich zu Kopfbewegungen begrenzen z.B. Inhomogenitäten der Cornea-
Oberfläche die Meßgenauigkeit, die zwischen 0.5 und 1 Grad beträgt.

Alle Augenbewegungs-Meßtechniken lassen sich in zwei Klassen einteilen:

● Messung der Augenstellung relativ zum Kopf

● Messung der Augenstellung im Raum.

Wenn die im Raum fixierten Objekte identifiziert werden sollen, dann
ist die Messung der Augenstellung relativ zu den Raum- oder Objektkoordi-
naten notwendig. Das sind Methoden, die in die zweite der oben erwähnten
zwei Klassen fallen. Prinzipiell kommen jedoch auch Methoden der 1. Klasse
in Frage, wenn man zusäztlich die Kopfposition mißt. Eine Ausnahmestellung
nimmt das in Abb. 4.12 schematisch dargestellte Gerät ein (NAC Eye-Mark-
Recorder). Hier wird der Cornea-Reflex durch ein kopffestes System erfaßt und zusammen mit dem Bild des betrachteten Szenenausschnitts über
eine Faser-Optik auf einen Film oder das Target einer FS-Kamera abgebildet.
Bei richtiger Justierung wird der Fixationsort innerhalb des betrachteten
Bildes durch einen hellen Pfeil markiert.

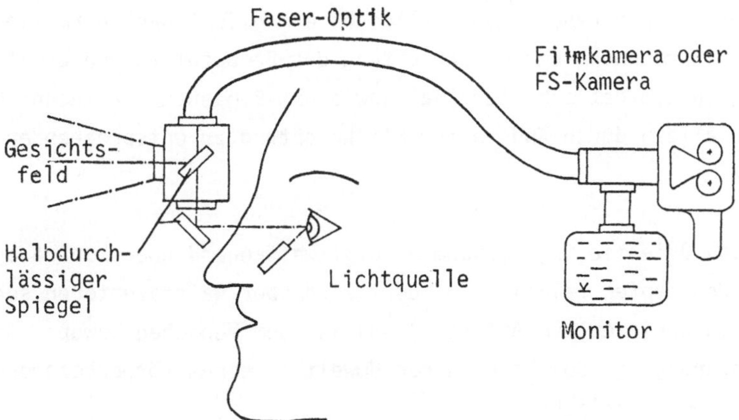

<u>Abb. 4.12:</u> Einblenden des Cornea-Reflexes in das Bild des betrachteten
Szenenausschnitts.

Ein wesentlicher Nachteil dieses Verfahrens ist die z.Zt. noch erforderliche interaktive Bestimmung des Fixationsortes relativ zur Szene, welche
sehr zeitaufwendig ist.

Bestimmung der Visierlinie durch Messen von Kopfbewegungen

Bei der Bedienung technischer Einrichtungen können nach Erreichen der
Belastungsgrenze für manuell ausführbare Arbeiten bzw. bei Ausfall der
entsprechenden Motorik (Behinderte) durch Einbeziehen von Augen- und
Kopfbewegungen zusätzliche Aufgaben bewältigt werden. Für den praktischen
Einsatz z.B. bei Überwachungsaufgaben oder Steuerung von Behindertenhilfs-
mitteln hat die Messung der Augenstellung folgende Nachteile

- zu kleiner Sehwinkelbereich (< 60°)

- relativ große Meßfehler (ca. 1% des Meßfeldes bei Erfassung durch
  eine FS-Kamera)

- Lästigkeit auf Grund des Aufwandes, Verkleinerung des Gesichtsfeldes,
  Bestrahlung des Auges.

Diese Nachteile können weitgehend vermieden werden, wenn die Blickrichtung
indirekt über eine Messung der Kopfstellung ermittelt wird. Hierbei wird
eine in das Gesichtsfeld eingeblendete, relativ zum Kopf unbewegliche
Marke durch Kopfbewegungen scheinbar an den Ort des Zieles verschoben.
Das Messen der entsprechenden Kopfstellungen ermöglicht nach einmaliger
Justierung die Berechnung der Blickrichtung des Beobachters und damit
die Zuordnung zu dem betrachteten Ziel sowie das Bedienen von technischen
Einrichtungen allein durch Ändern der Blickrichtung zu entsprechenden Ziel-
punkten /4.7/.

Die menschliche Orientierung im Raum erfolgt weitgehend über Kopfbewegungen.
Die Stellung des Kopfes relativ zum Rumpf wird über Halsrezeptoren sehr genau gemessen (propriozeptive Afferenz) und ist dem Menschen bewußt. Dadurch
wird eine Zuordnung von Objekten in der Umwelt zu einem körperbezogenen
Koordinatensystem ermöglicht.

Das Auge jedoch hat keine propriozeptive Rückkopplung im Sinne einer bewußten Wahrnehmung der Augenstellung, weshalb das Einblenden einer kopf-
festen Bezugsmarke in das Gesichtsfeld notwendig ist.

In Abb. 4.13 sind die beiden Bezugssysteme dargestellt, deren Geometrie zur Bestimmung der <u>Visierlinie</u> im Laborsystem bekannt sein muß. Wir beschränken uns auf Drehungen um <u>zwei</u> zueinander senkrechte Achsen $\bar{x}$ und $\bar{z}$ (Nick- und Schüttelbewegungen), da der Einfluß einer seitlich schrägen Neigung (Drehungen um $\bar{y}$) des Kopfes i.a. gering ist. Die Position des Lichtpunktes (in Abb. 4.13 rechts) ändert sich nicht relativ zum Kopf.

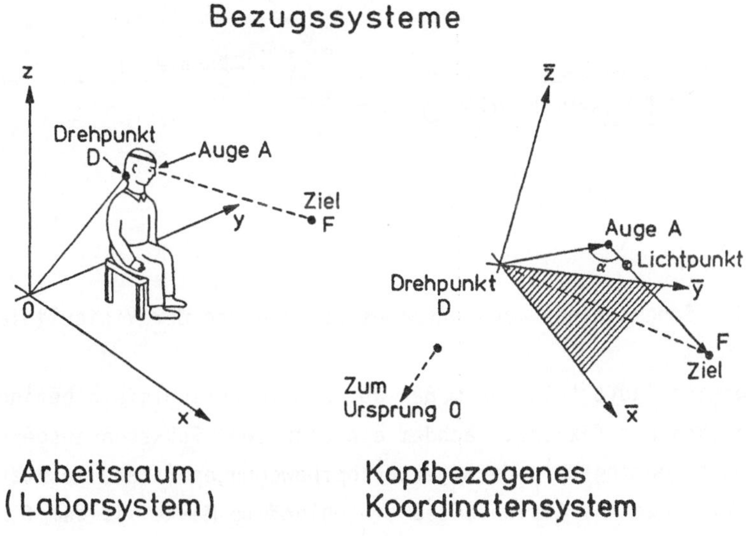

<u>Abb. 4.13:</u> Bezugssysteme zur Berechnung der Visierlinie aus einer Messung der Kopfposition.

In Abb. 4.14 ist das Schema eines Laboraufbaus dargestellt. Die Position der Lichtquelle L_1 wird über.eine FS-Kamera vermessen. Aus den beiden Meßwerten wird die Kopfstellung bestimmt. Die Lichtquelle L_2 wird über eine Glasscheibe in das Auge gespiegelt. Durch eine veränderliche Optik wird bei dieser Abbildung erreicht, daß die eingespiegelte Marke innerhalb des betrachteten Szenenausschnitts scharf erscheint.

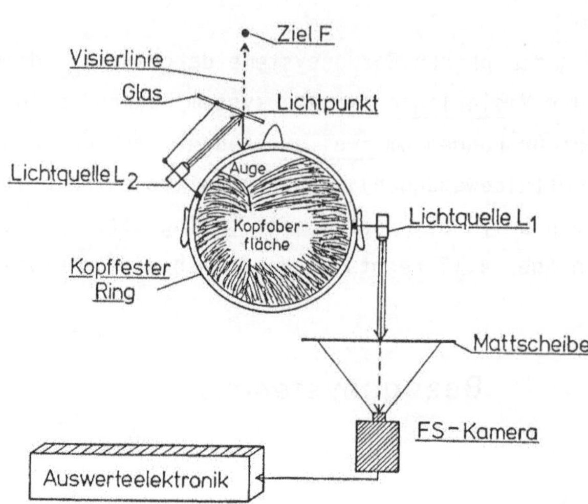

Messung der Visierlinie

Abb. 4.14: Schema eines Laboraufbaues zur Messung der Visierlinie

Der Meßvorgang läuft folgendermaßen ab. Ein im Gesichtsfeld befindliches
Ziel wird zunächst fixiert, nachdem ein oder zwei Sakkaden ausgeführt
wurden. Durch geringfügig verzögerte Kopfbewegungen (siehe letzter Abschnitt) wird die ins Gesichtsfeld eingeblendete Marke mit dem fixierten
Zielpunkt in Koinzidenz gebracht, die Kopfstellung gemessen und die entsprechenden Meßwerte zur Steuerung eines technischen Systems, z.B. eines
Schreibers benutzt.

In Abb. 4.15 sind vertikale und horizontale Kopfbewegungen beim Verfolgen der darunter eingezeichneten, mäanderformigen Muster dargestellt.

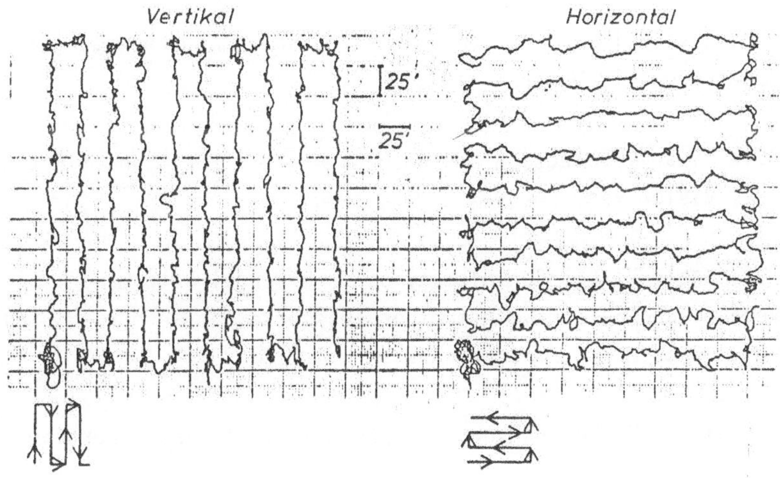

Abb. 4.15: Kopfbewegungen beim Verfolgen der unten dargestellten
mäanderförmigen Muster /4.7/.

Beim <u>Nachzeichnen</u> einzelner Buchstaben mit Hilfe von Kopfbewegungen ergeben sich die in Abb. 4.16 dargestellten Meßwertverläufe welche unmittelbar die Ausgangssignale des Videoanalysators (Auswerteelektronik
in Abb. 4.14) wiedergeben. Eine Rechnerkorrektur war nicht notwendig.

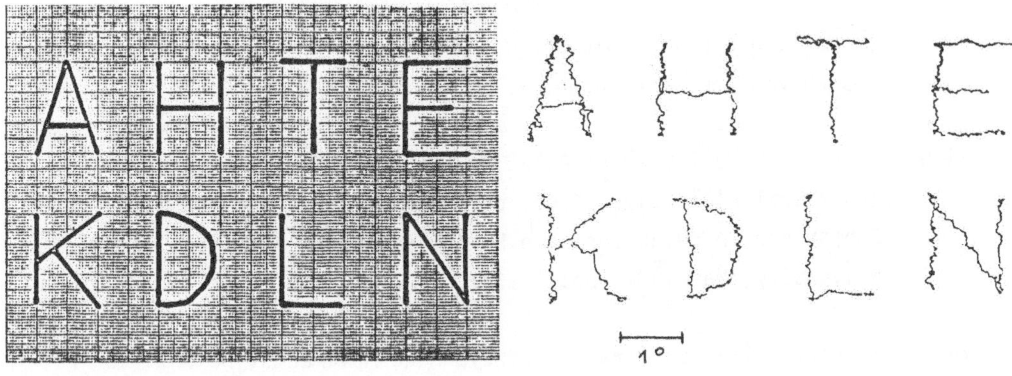

Abb. 4.16: Reproduktion von Buchstaben mit Hilfe von Kopfbewegungen. Links
die Vorlage, rechts die Registrierung der entsprechenden Kopfbewegungen.

Literatur zu Kapitel 4

/4.1/ W. Wolf, Visuelle Detektion bei sakkadischen Augenbewegungen,
       Dissertation, TU München, 1978.

/4.2/ J. Lie, Visual Detection and Resolution as a Function of Retinal
       Locus. Vision Res. $\underline{20}$, 967 - 974, 1980.

/4.3/ F. L. Engel, Visual Conspicuity as an External Determinant of Eye
       Movements and Selective Attention. Dissertation an der TH Eind-
       hoven, 1976.

/4.4/ R. N. Haber, M. Hershenson, The Psychology of Visual Perception,
       Holt, Rinehart and Winston, Inc., 1973.

/4.5/ W. Schumacher, Untersuchung der Strategien für den visuellen
       Suchvorgang eines Fernsehbeobachters bei der Echtzeitaufklärung.
       IITB-Bericht Nr. 9545, Feb. 1981.

/4.6/ L. Young, D. Sheena, Survey of Eye Movement Recording Methods,
       Behavior Research Methods Instrumentations, Vol. 7 (5), 397 -
       429, 1975.

/4.7/ A. Korn, Die Bestimmung der Visierlinie durch berührungsloses
       Messen von Kopfbewegungen, IITB-Bericht Nr. 9119, 1976.

/4.8/ A. Korn, Visual Search: Relation between Detection Performance
       and Visual Field Size. Proc. of the First European Annual
       Conference on Human Decision Making and Manual Control, Delft
       University, May 1981, pp. 27-34.

/4.9/ E. Bizzi, The Coordination of Eye-Head Movements, Scientific
       American, Oktober 1974.

5. Merkmalextraktion im visuellen Kortex

5.1 Architektur und Übertragungseigenschaften

Das menschliche Gehirn enthält etwa 100 Milliarden Neurone. Der Aufbau
einer solchen fundamentalen Komponente für die Informationsverarbeitung
im Gehirn geht aus Abb. 5.1 hervor.

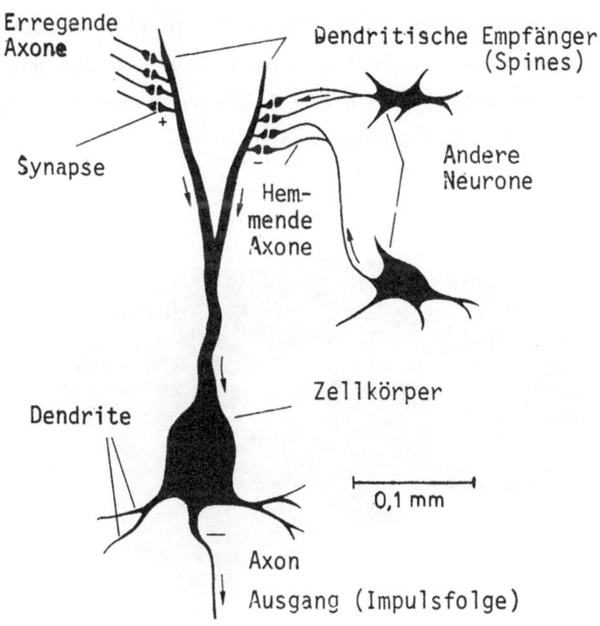

<u>Abb. 5.1:</u> Schema eines typischen Neurons (Pyramidenzelle). Es kodiert
die gewichtete Summe von Erregung und Hemmung als Impulsfolge.

Die Größe der <u>Zellkörper</u> variiert sehr stark zwischen den einzelnen Zelltypen. Die mittlere Größe beträgt etwa 50μ (mittlerer Durchmesser). Das
<u>Axon</u> ist die Ausgangsfaser, welche in Form von Impulsfolgen, sog. <u>Spikes</u>
von 70mV Amplitude und 1 m Dauer, Information zu anderen Strukturen
(Neurone, Muskeln, Drüsen) überträgt. Alle anderen Fasern des Neurons
werden <u>Dendrite</u> genannt. Diese sind die Eingangsfasern, welche über dorn-
artige Auswüchse die einlaufende Information aufnehmen und als <u>Analogsi-
gnale</u> zum Zellkörper weiterleiten. Die Übertragung der pulskodierten Information am Endpunkt von Axonen auf die Dendriten des empfangenden Neurons

erfolgt über chemische Transmitterstoffe an den <u>Synapsen</u>. Kortikale
Neurone besitzen i.a. viele Tausend Synapsen. Auf Grund der inhomogenen
Membraneigenschaften des Neurons entsteht eine charakteristische Ge-
wichtung der erregenden und hemmenden Analogsignale.

Die uns interessierenden Verarbeitungsstufen des visuellen Systems befinden sich in der etwa 3-4 mm dicken Oberflächenschicht des Cerebrums,
dem <u>cerebralen Kortex</u>. Es gibt zwei cerebrale Hemisphären, die über
einen Nervenfaserstrang (corpus callosum) kommunizieren. Einen Vertikalschnitt durch die rechte Hemisphere zeigt Abb. 5.2, in welcher der cerebrale Kortex als dunkle, vielfach gefaltete Oberflächenschicht gut erkennbar ist. Sie enthält im wesentlichen die Zellkörper der Neurone.
Die hellen Zwischenräume enthalten Nervenfasern.

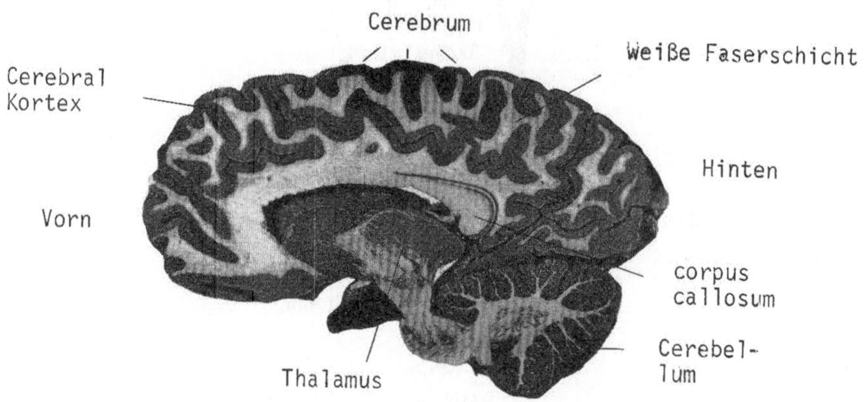

<u>Abb. 5.2:</u> Vertikalschnitt durch die rechte Hemisphere des menschlichen
Gehirns. Die dunkle Oberflächenschicht ist der 3-4mm dicke
cerebrale Kortex /5.1/.

Ein Schema der uns hauptsächlich interessierenden Strukturen des visuellen Systems ist in Abb. 5.3 dargestellt.

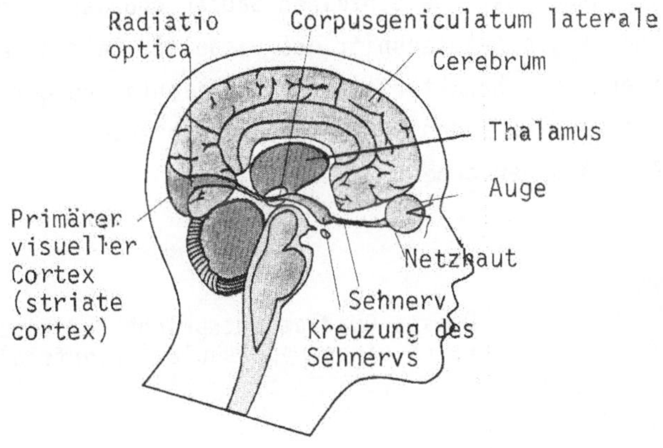

Abb. 5.3: Schema des Hauptverbindungsweges zwischen dem Auge und dem visuellen Kortex /5.1/.

Daß es neben dieser Hauptverbindung noch zahlreiche andere Strukturen gibt, die bei der Verarbeitung visueller Information beteiligt sind, zeigt das in Abb. 5.4 abgebildete Schema.

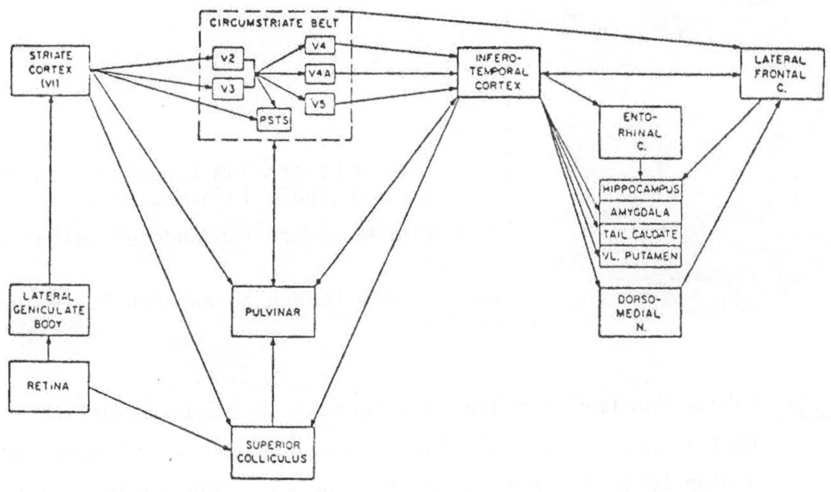

Abb. 5.4: Schema der hauptsächlichen Strukturen des menschlichen visuellen Systems und deren Verknüpfungen. Der "striate cortex" ist der primäre visuelle Kortex (Area 17,18,19) der "circumstriate belt" der sekundäre visuelle Kortex /5.2/.

Der primäre visuelle Kortex ist aus einzelnen Säulen modular aufgebaut, wobei jede Säule einen kleinen Ausschnitt des visuellen Feldes verarbeitet. Daneben hat er eine charakteristische, horizontal ausgerichtete Struktur. Die ein- und auslaufenden Nervenfasern bevorzugen bestimmte Schichten wie aus Abb. 5.5 hervorgeht.

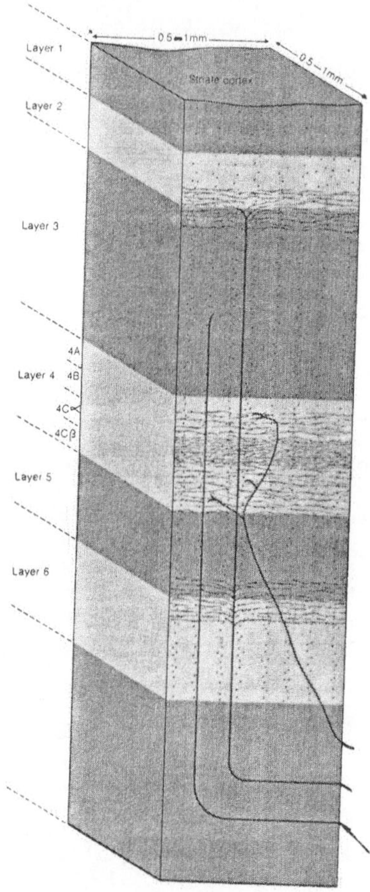

Dieses Quadrat entspricht dem Einzugsbereich einer Hypersäule (Hyperfeld)

Zellsäulen (etwa 20 - 40 pro Seitenlänge)

Der Gennari-Streifen (deshalb "striate cortex")

Einlaufende Fasern vom corpus geniculatum laterale. Retinale Information.

Einlaufende Fasern von anderen Teilen des Cortex

Auslaufende Fasern zu anderen Teilen des Cortex

<u>Abb. 5.5:</u> Schema der horizontalen Strukturen im primären visuellen Kortex. Der dargestellt Quader kann aus 400 - 1600 einzelnen Säulen bestehen, die insgesamt eine sog. Hypersäule bilden /5.1/.

Jede Hypersäule hat einen quadratischen Querschnitt von 0,5 - 1 mm Seitenlänge. Jede Seite enthält etwa 20-40 Säulen, in denen jeweils ganz bestimmte Reizmerkmale bewichtet werden. Jede dieser 400-1600 funktionell
unterschiedlichen Säulen, aus denen eine Hypersäule aufgebaut ist, enthält
etwa 120 Neurone, was eine maximale Neuronenzahl pro Hypersäule von rund
200 000 ergibt.

Neben den anatomischen Eigenschaften sind die funktionellen Eigenschaften
der Neurone in den einzelnen Säulen sehr genau untersucht worden. Aufgrund
ihrer Ergebnisse bei Einzelzellableitungen klassifizierten die Nobelpreis-
träger (1981) Hubel und Wiesel /5.3/ die Neurone des primären Kortex in
einfache Zellen (simple cells), komplexe Zellen (complex cells) und hyperkomplexe Zellen (hypercomplex cells). Ein wesentliches Ergebnis ihrer
Messungen war, daß alle (abgeleiteten) Neurone innerhalb einer Säule maximal auf eine bestimmte Orientierung eines Spaltes, einer Linie oder Kante
reagieren. Die Bevorzugung einer bestimmten Reizorientierung ist eine
Eigenschaft, die nur kortikale Zellen besitzen.

Die Form der entsprechenden rezeptiven Felder geht aus Abb. 5.6 hervor.

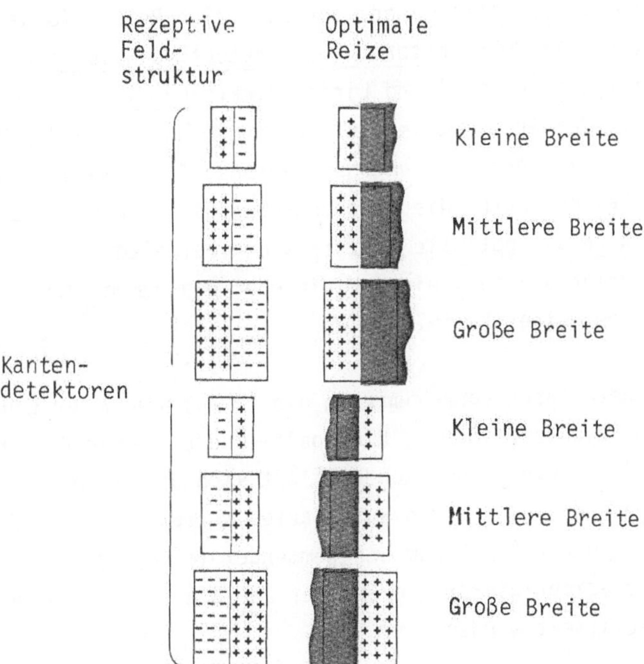

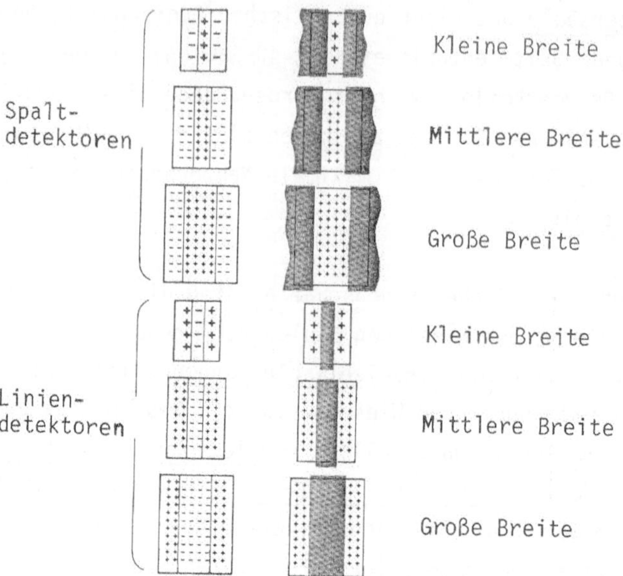

Abb. 5.6: Rezeptive Felder und optimale Reize für eine Säule mit vertikaler Vorzugsrichtung.

Aufgrund der Reaktion von Neuronen bei unterschiedlichen, stationären Reizmustern werden entsprechend den optimalen Reizen folgende Klassen unterschieden: Kantendetektoren (edge detectors), Spaltendetektoren (slit oder bar detectors) und Liniendetektoren (line detectors). Die Orientierung der Grenze zwischen erregendem und hemmendem Bereich bestimmt die Vorzugsorientierung des Neurons, d.h. die Orientierung des optimalen Reizes. Durch die Flächengröße des hemmenden und erregenden Bereiches wird die optimale Reizstruktur festgelegt, d.h. die Breite eines optimalen Spaltes, einer Linie oder des rampenförmigen Helligkeitsüberganges bei einer Kante.

Die Kantendetektoren approximieren die 1. Ableitung der Leuchtdichteverteilung (Gradientenbildung), die Spalt- und Liniendetektoren approximieren die 2. Ableitung. Insbesondere läßt sich die Verarbeitung eines Bildes durch ein antagonistisch aufgebautes rezeptives Feld mit einem erregenden (hemmenden) Zentrum und hemmender (erregender) Peripherie als Laplace-Operation interpretieren. Der Laplace-Operator kann folgendermaßen approximiert werden

$$\frac{\partial^2 f}{\partial x^2} + \frac{\partial^2 f}{\partial y^2} \approx f(x+1,y)-2f(x,y)+f(x-1,y)$$

$$+ \; f(x,y+1)-2f(x,y)+f(x,y-1)$$

$$= f(x+1,y)+f(x-1,y)+f(x,y+1)+f(x,y-1)-4f(x,y) \qquad .$$

Diese Operation ist äquivalent einer Faltung $\sum_m \sum_n f(m,n)g(x-m,y-n)$ der digitalisierten Leuchtdichteverteilung $f(m,n)$ mit dem Operator

$$g(m,n) = \begin{pmatrix} 0 & 1 & 0 \\ 1 & -4 & 1 \\ 0 & 1 & 0 \end{pmatrix} \qquad .$$

Die Struktur dieser Matrix würde der rezeptiven Feldstruktur eines OFF-Neurons entsprechen. Das Profil von rezeptiven Feldern, welche funktionell eine Laplace-Operation approximieren, wird in der Literatur häufig als "mexikanischer Hut" bezeichnet. Die Filtereigenschaften solcher rezeptiven Felder im Ortsfrequenzbereich wurden in Abschnitt 3.1 (S.80) behandelt. Dort wurde die Laplace-Operation durch die Differenz zweier Gaußfunktionen approximiert. Die Filterung entspricht einem Bandpaß. Aus Abb. 5.6 geht hervor, daß die rezeptiven Felder oder Masken verschieden groß sind. Das bedeutet, daß neben der Orientierung auch die Ausdehnung der hellen und dunklen Bereiche eines Reizes bewertet wird.

Die Ausgangserregung der "einfachen Zellen" wird   als Meßwert innerhalb des Eingangsbildes aufgefaßt,welcher in einer späteren Stufe interpretiert werden muß , d.h. die "einfachen Zellen" sind an sich noch keine Merkmaldetektoren. Der Grund ist, daß die Reaktion eines Neurons nicht eindeutig einem bestimmten Reizmuster zugeordnet werden kann. Zum Beispiel kann ein sogenanntes Kantendetektor-Neuron mit vertikaler Vorzugsrichtung bei einer vertikalen Kante mit schwachem Kontrast genauso reagieren wie bei einer um 45° geneigten Kante mit hohem Kontrast. Auch auf eine dünne schwarze Linie als Eingangsreiz werden beispielsweise alle sogenannten Detektor-Neurone mehr oder weniger stark ansprechen. Eine eindeutige Interpretation wird durch Bewertung der Reaktionen vieler funktionell unterschiedlicher Neurone angestrebt.

Die Ausgangserregung eines "Kantendetektor-Neurons" mit vertikaler Vorzugsrichtung auf Kanten mit verschiedenen Orientierungen zeigt Abb. 5.7.

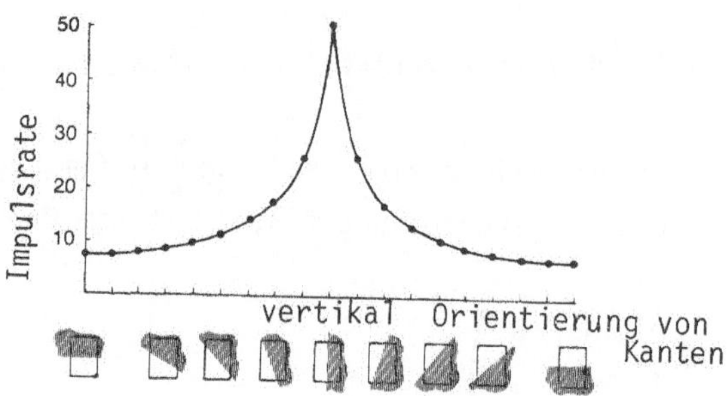

<u>Abb. 5.7</u>: Ausgangserregung eines "Kantendetektor-Neurons" mit vertikaler
Vorzugsrichtung als Funktion der Orientierung der angegebenen
Eingangsreize /5.1/.

Vergleicht man die Ausgangserregungen vieler "Kantendetektor-Neurone" mit
unterschiedlichen Vorzugsorientierungen für den Fall einer vertikalen
Kante als Eingangsreiz, dann erhält man i.a. ein eindeutiges Maximum für
das vertikal orientierte Neuron unabhängig vom Kontrast des Eingangsrei-
zes. Merkmale werden durch Vergleich der Reaktionen unterschiedlicher
Detektor-Neurone gewonnen.

Was am Beispiel des Merkmals Orientierung gezeigt wurde, gilt auch für
andere Merkmale, wie z.B. die Spalt- oder die Linienbreite und die Breite
des Leuchtdichteübergangs (Rampe) bei Kanten.

Die Funktion einer Hypersäule besteht in der Extraktion der in Abb. 5.6
dargestellten Merkmale. Die (hypothetische) Struktur einer Hypersäule geht
aus Abb. 5.8 hervor.

Die Vorzugsorientierung innerhalb einzelner Scheiben (slabs) ist immer
die gleiche, wobei die einzelnen Säulen innerhalb einer Scheibe verschiedenen retinalen Positionen innerhalb eines sogenannten <u>Hyperfeldes</u> entsprechen. Die einzelnen Positionen in diesem Hyperfeld sind in einer
Richtung senkrecht zur Vorzugsrichtung der Neurone in einer Scheibe an-
geordnet.

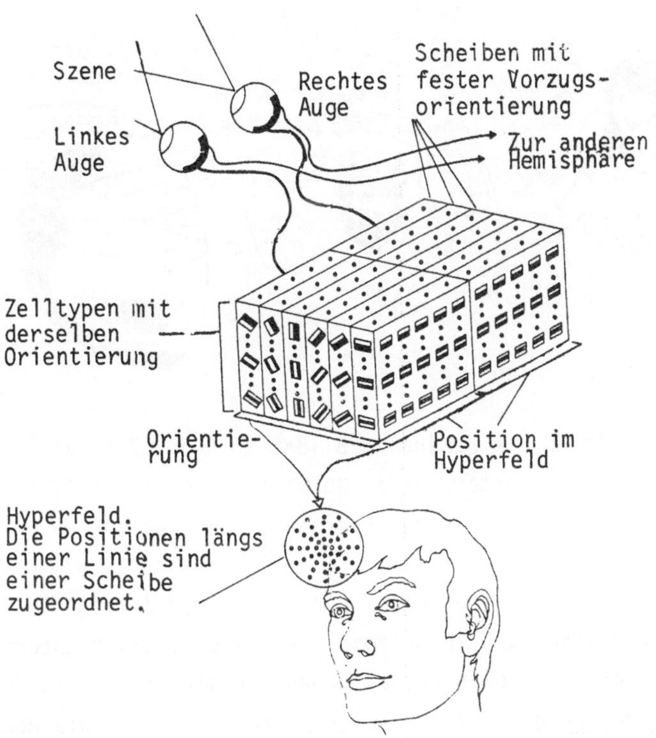

Abb. 5.8:   Schema der möglichen Struktur einer Hypersäule in Area 17
            /5.1/.

Durch die Gesamtheit der Säulen wird ein bestimmter retinaler Bereich
vollständig hinsichtlich der oben beschriebenen Merkmale analysiert, wobei sich sechs Hypersäulen rosettenartig überlappen. Die Merkmale werden
für korrespondierende Bereiche des rechten und linken Auges innerhalb
einer Hypersäule getrennt ausgewertet.

Die Topologie des retinalen Bildes bleibt bei der Abbildung in dem primären visuellen Kortex erhalten. Die einzelnen retinalen Bereiche werden
jedoch entsprechend Abb. 5.9 verzerrt dargestellt.

Bei dieser (verzerrenden) Abbildung wird beispielsweise der foveale Bereich
auf einen wesentlich größeren kortikalen Bereich abgebildet als ein gleich
großer weiter peripher gelegener Bereich.

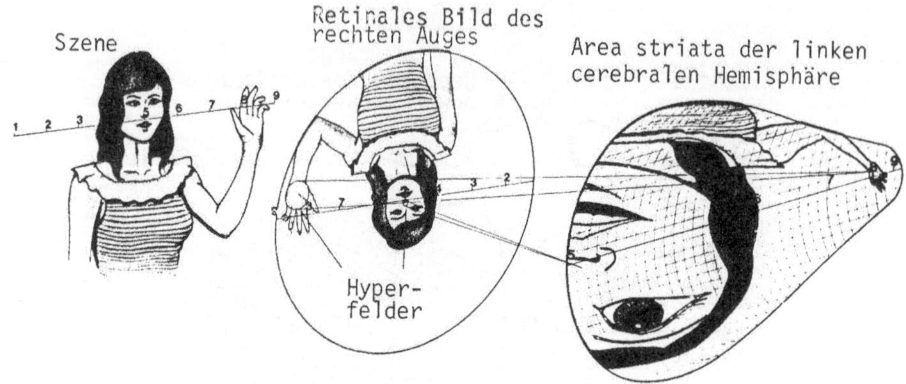

Abb. 5.9: Abbildung des retinalen Bildes in Area 17 (Area striata) des
visuellen Kortex. Jedes Quadrat im rechten Bild stellt den
Einzugsbereich einer Hypersäule dar, das sog. Hyperfeld /5.1/.

Wie bereits erwähnt, gibt es neben den "einfachen Zellen" in jeder Hypersäule auch "komplexe" und "hyperkomplexe Zellen". Das Hauptunterschei-
dungsmerkmal der "komplexen Zelle" gegenüber der "einfachen Zelle" ist
die Positionsunabhängigkeit der Ausgangserregung, d.h. die Reaktion auf
einen Reiz hängt nicht von der Position des Reizes innerhalb des betreffenden rezeptiven Feldes ab.

Optimale Reise sind nach wie vor Spalte, Linien und Kanten. Die rezeptiven Felder sind größer und sie antworten sehr schwach oder gar nicht auf
stationäre Reize. Aufgrund der Positionsunabhängigkeit der Reaktion läßt
sich das rezeptive Feld nicht in hemmende und erregende Anteile zerlegen.

Der Eingang der "komplexen Zellen" besteht nicht aus "einfachen Zellen".
Vielmehr scheinen die beiden Zellklassen von verschiedenen retinalen
Zelltypen versorgt zu werden, den Y-Zellen und den X-Zellen. Die Y-Zellen
haben große Zellkörper, große rezeptive Felder und die Leistungsgeschwindigkeit ihrer Axone ist sehr groß (über 40 m/s). Sie sind vorwiegend in
der peripheren Retina vorhanden und antworten nur auf Reizänderungen
(phasische Reaktion). Die X-Zellen haben kleine Zellkörper und Axone.
Die Leistungsgeschwindigkeit zum Kortex ist klein (ca. 20 m/s). Sie ant-

worten auf stationäre Reize (tonische Reaktion). Die Y-Zellen versorgen
die komplexen Zellen und signalisieren offenbar Änderungen des visuellen
Feldes, während die X-Zellen die "einfachen Zellen" versorgen und offenbar eine genaue Formanalyse von stationären Mustern vornehmen.

Die hyperkomplexen Zellen unterscheiden sich von den "komplexen Zellen"
dadurch, daß sie auf die örtliche Ausdehnung des Reizes reagieren. Sie
antworten kaum, wenn ein Spalt, eine Linie oder Kante an einem oder beiden Enden zu lang ist. Optimale Reize sind Spalte, Linien oder Ecken
mit einer bestimmten Länge, wie das Beispiel in Abb. 5.10 zeigt.

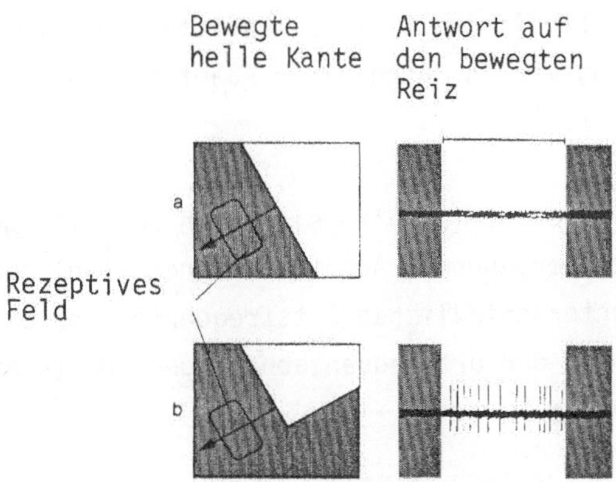

Abb. 5.10: Beispiel für die Reaktion einer "hyperkomplexen Zelle".
Diese antwortet nicht, wenn sich eine lange weiße Kante über
das rezeptive Feld bewegt, sondern nur, wenn der Reiz zu
einer Ecke verkürzt wird.

Psychophysische Untersuchungen

Die Existenz von neuronalen Kanälen mit bestimmten Filtereigenschaften
läßt sich nicht nur mit Hilfe elektrophysiologischer Methoden nachweisen.
Mißt man die Kontrastempfindlichkeit des Menschen (s.Abschn.2.4, S.51)
für Sinusgitter vor und nach einer Adaptation an ein beispielsweise vertikal orientiertes Gitter, dann ergibt sich der in Abb. 5.11 dargestellte
typische Verlauf der Kontrastempfindlichkeit.

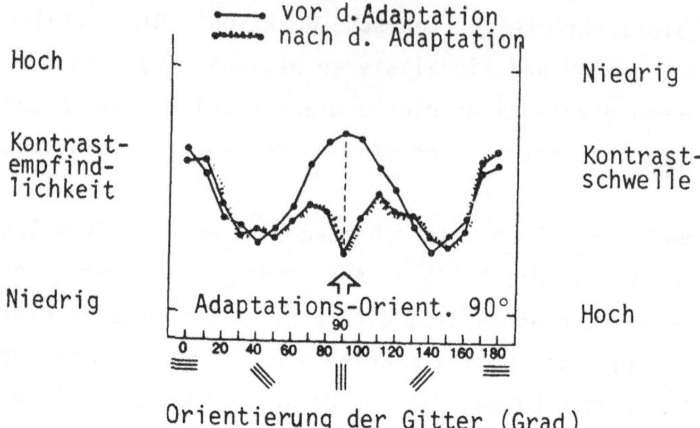

Abb. 5.11: Die Kontrastempfindlichkeit bei Sinusgittern mit verschiedener Orientierung vor und nach einer Adaptation an ein vertikales Gitter /5.1/.

Der Kanal für die 90° Orientierung ist offensichtlich selektiv gestört, d.h. er ist aufgrund der vorhergehenden Adaptation unempfindlicher geworden. Adaptiert man an unterschiedlichen Ortsfrequenzen, so ergeben sich an den entsprechenden Stellen der ortfrequenzabhängigen MÜF (s.Abschn.2.4) Dellen, wie Abb. 5.12 zeigt.

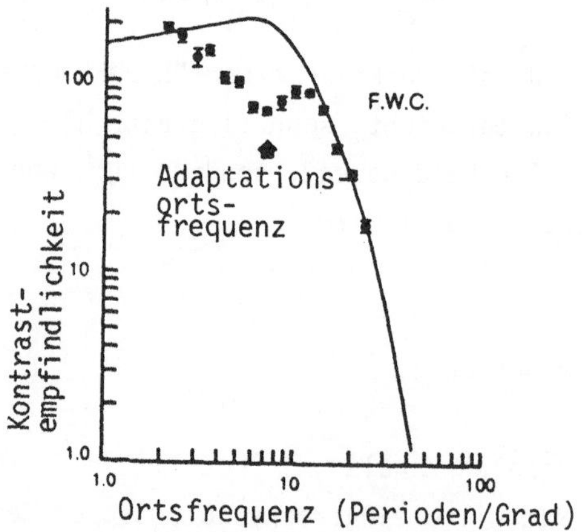

Abb. 5.12: Kontrastempfindlichkeit in Abhängigkeit von der Ortsfrequenz nach Adaptation an ein Gitter mit 7 Perioden/Grad /5.8/.

Stellt man die normierte Änderung der MÜF als Funktion der Ortsfrequenz
dar, die auf die Frequenz des Adaptationsgitters normiert wird, so erhält man die in Abb. 5.13 dargestellte einheitliche Kurve.

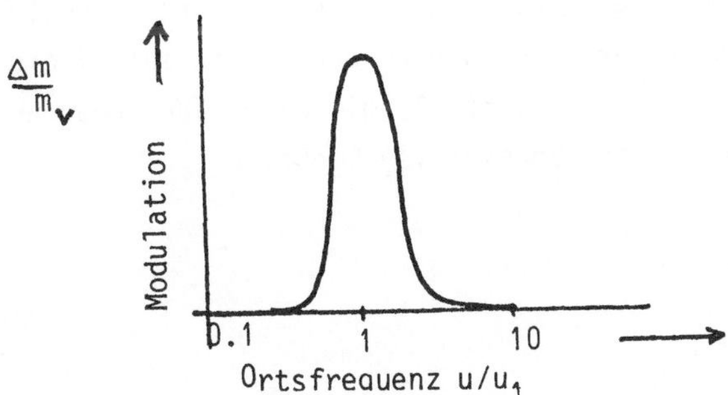

Abb. 5.13: Die normierte Schwellenmodulationsdifferenz $\frac{\Delta m}{m_v}$ als Fkt. der
normierten Ortsfrequenz u/u_1 mit u_1 = Ortsfrequenz des Adaptationsgitters und $-\Delta m$ = Differenz d. Schwellenmodulation vor
bzw. nach der Adaptation, m_v =Schwellenmodulation vor Adapt.

Verwendet man statt eines Sinusgitters ein Rechteckgitter als Adaptationsgitter, dann werden entsprechend Abb. 5.14 selektiv die Kanäle für
die Grundwelle u_1 und die 3. Oberwelle $3u_1$ des Gitters gestört.

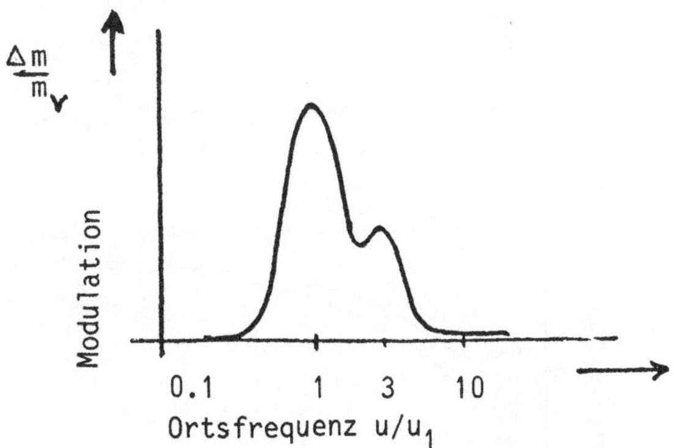

Abb. 5.14: Darstellung wie in Abb. 5.13. Das Adaptationsgitter war
hier ein Rechteckgitter mit der Periode u_1.

Die Bandbreite der einzelnen Ortsfrequenzkanäle wird mit etwa 1.5 Oktaven
angenommen, die Breite der orientierungsspezifischen Kanäle mit 10°-15°.

Die retinotope Abbildung auf Säulen gibt es nicht mehr für Kortex-Areale
außerhalb des sekundären visuellen Kortex (s.Abb. 5.4). Höhere visuelle
Zentren werden offenbar von zahlreichen verstreut liegenden Säulen versorgt. Die Funktion der bisher betrachteten Area 17 (Area striata) scheint
im wesentlichen in einer Analyse des Merkmals Form zu bestehen. Daneben
gibt es zahlreiche andere Abbildungen der Retina in weitere Areale (z.B.
Area 18,19, dem "prestriate cortex") mit einem ähnlichen anatomischen
Aufbau, jedoch weitgehend unbekannten Funktionen.

5.2 Kanten

Aus dem letzten Abschnitt geht hervor, daß die Extraktion von Kantenele-
menten aus dem retinalen Bild eine Aufgabe bestimmter kortikaler Areale
ist.Bei der maschinellen Verarbeitung von Bildern spielen Kantenmerkmale
für die Berechnung von Konturen ebenfalls eine große Rolle. Es wurden bestimmte, in Abb. 5.15 dargestellte Grauwertverläufe als typisch für die
meisten Bilder erkannt.

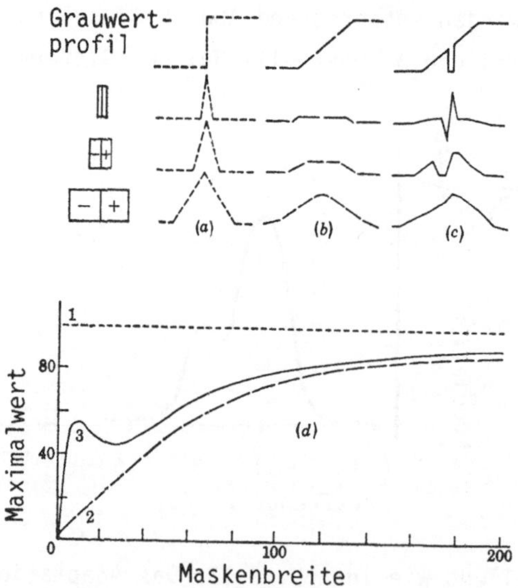

Abb. 5.15: Ergebnis der Faltung verschiedener Grauwertübergänge mit
verschiedenen Masken zur Kantendetektion (siehe Text)/5.4/.

Die Masken auf der linken Seite in Abb. 5.15 sind 10, 25 und 60 Pixels breit. Die drei Grauwertverläufe im oberen Teil sind a) eine Sprungfunktion, b) eine über 100 Pixels linear ansteigende Funktion, c) ein rechteckiger Grauwertsprung von 10 Pixels Breite überlagert der Funktion in b). Das Ergebnis einer Faltung mit den drei verschieden breiten Masken ist in den entsprechenden Zeilen dargestellt. In d) ist der maximale Wert bei jeder Faltung als Funktion der Maskenbreite für die drei verschiedenen Grauwertverläufe aufgetragen. Die Kurven 1, 2 und 3 entsprechen den Verteilungen a), b) und c).

Sprungförmige Helligkeitsänderungen ergeben denselben Ausgangswert für alle Maskenbreiten. Bei der rampenförmigen Leuchtdichteänderung in b) wächst die maximale Ausgangserregung mit zunehmender Maskenbreite, während der sprungförmige "Leuchtdichteeinbruch" von 10 Pixel Breite in c) zu einem lokalen Maximum der Kurve 3 bei einer Maskenbreite = 10 führt. Es stellt sich die Frage, welches rezeptive Feld bzw. welche Maske sich am besten zur Messung eines bestimmten Leuchtdichteverlaufs eignet. In /5.4/ wird das folgende Auswahlkriterium vorgeschlagen: Eine Maske mit der Breite S wird für einen Bildpunkt P ausgewählt, wenn

- Masken, die etwas kleiner sind als S, zu einer wesentlich kleineren maximalen Ausgangserregung bei P führen

- Masken, die etwas größer sind als S, keine wesentlich größere Ausgangserregung bei P ergeben.

Eine kleine Zahl von Extremwertkonfigurationen genügt, um die in natürlichen Bildern vorkommenden Leuchtdichteprofile zu beschreiben. Neben Beispielen für verschiedene Kanten- und Spaltmasken (Abb. 5.16a)) zeigt Abb. 5.16 in der obersten Zeile 1 von b) - f) die in natürlichen Szenen relevanten Leuchtdichteprofile. In den Zeilen 2 und 3 ist das optimale Ergebnis von Faltungsoperationen mit Kanten - bzw. Spaltmasken dargestellt.

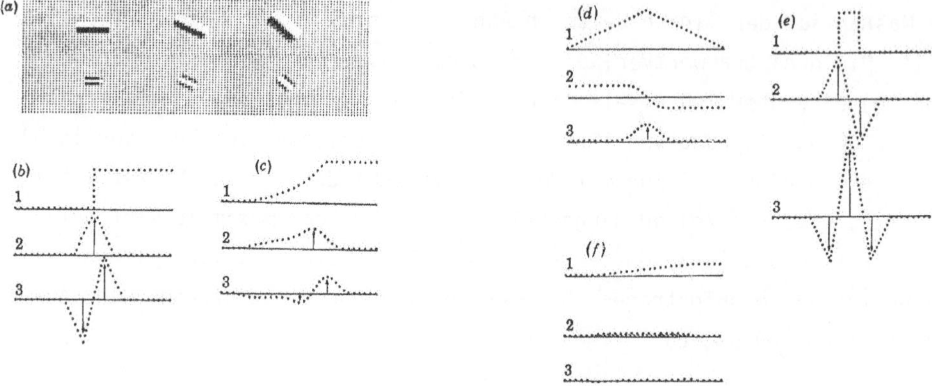

Abb. 5.16: Klassifikation von Leuchtdichteprofilen in natürlichen
Szenen. In a) Beispiele für Kanten- und Spaltmasken. In
Zeile 1 von b) - f) sind die Klassen Kante, erweiterte
Kante, Balken, Linie und Schatten-Kante dargestellt. In
den Zeilen 2 und 3 ist das optimale Ergebnis einer Faltungs-
operation mit Kanten- bzw. Spaltmasken dargestellt /5.4/.

Das Ergebnis einer Faltung mit einer Kantenmaske wird beispielsweise
dann der Klasse "Kante" zugeordnet, wenn zwei Extremwerte mit ungefähr
gleicher Amplitude aber mit verschiedenen Vorzeichen wie in b) auftreten.
Ist ein Extremwert wesentlich kleiner als der andere wie in c), dann
wird das Ergebnis der Klasse "verbreitete Kante" zugeordnet, usw.. Zusätzlich zu dieser Klasseneinteilung der Leuchtdichteprofile werden
die Parameter Kontrast, Position, Orientierung und örtliche Ausdehnung
gemessen.

Diese systematische Beschreibung der Leuchtdichteänderungen in einem
Bild ergibt eine Bildbeschreibung oder symbolische Darstellung, die in
/5.4/ primal sketch genannt wird. Die Operationen, die zu dieser Darstellung führen, und die Operationen, die unmittelbar auf diese Beschreibung angewendet werden, sind weitgehend unabhängig vom Bildinhalt.

Der primal sketch ergibt sich aufgrund einer Bewertung der 1. und 2.
örtlichen Ableitung der Leuchtdichteverteilung. Von wesentlicher Bedeutung sind die Extremwerte der 1. Ableitung (Spalt-Masken) bzw. die
Nullstellen der 2. Ableitung, weshalb diese Punkte als sog. "zero
crossings" die Basis für alle weiteren symbolischen Bilddarstellungen
bilden.

Bevor auf eine etwas andere Methode zur Gewinnung des primal sketch
eingegangen wird, sollen vier Prinzipien erwähnt werden, die nach /5.4/
von großer Bedeutung sind bei der Organisation von komplexen symbolischen
Prozessen.

1. Prinzip der expliziten Benennung (explicit naming)

Jeder Datensammlung muß zunächst ein Name zugeordnet werden, welcher als
Unterscheidungsmerkmal dient bei jeder symbolischen Rechnung.

2. Prinzip des modularen Aufbaus (modular design)

Jeder größere Rechenprozeß sollte aufgeteilt werden in möglich viele
Teilprozesse, die so weit wie möglich voneinander unabhängig ablaufen
sollten. Auf diese Weise sind die Konsequenzen eines Fehlers in einem
Teilprozeß für den Gesamtprozeß nicht zu groß und die Fehlersuche oder
Verbesserungen werden einfacher.

3. Prinzip der kleinsten Verpflichtung (least commitment)

Dieses Prinzip besagt, daß keine Entscheidung getroffen werden sollte,
die nicht sehr sicher ist. Alle möglichen Alternativen sollten im System
so lange verfügbar sein, bis durch weitere Informationsaufnahme die
Sicherheit einer Entscheidung ausreichend groß ist.

4. Prinzip des rücksichtsvollen Datenabbaus (graceful degradation)

Dies letzte Prinzip sagt aus, daß die Kontinuität zwischen aufeinanderfolgenden Darstellungen gewährleistet sein sollte. Jede Darstellung
sollte die für spätere Stufen benötigte volle Information enthalten.
Beispielsweise sollte eine grobe 3-dimensionale Darstellung aus einer
bereits berechneten 2-dimensionalen Darstellung möglich sein.

Eine von der oben geschilderten Methode des Maskenvergleichs abweichende
Berechnung der Leuchtdichteänderungen wird in /5.5/ vorgeschlagen. Hier
besteht der primal sketch aus einzelnen Punkten, sog. <u>Kontrastwerten.</u>
Diese Kontrastwerte werden durch eine signalabhängige und deshalb nicht-
lineare Filterung des 1-dimensionalen Leuchtdichteprofils gewonnen und
zwar sowohl in Zeilenrichtung als auch in Spaltenrichtung der Bildma-
trix. Zusätzlich erfolgt eine getrennte Verarbeitung der positiven und
negativen Gradienten entsprechend dem ON- und OFF-System in der Retina.

Der Kontrastwert K (Z, M, L) für einen Dunkel-Hellübergang (positiver
Gradient) in Zeilenrichtung ergibt sich durch Faltung mit einer
Exponentialfunktion

$$K(Z,M,L) = \frac{1}{T} \int_{M}^{L} [Gr(Z,S')-Gr(Z,M)]\,e^{-(L-S')/T}\,dS' \qquad (5.1)$$

mit einer Konstanten T. In der Zeile Z ist M ein lokales Minimum und L
das darauffolgende lokale Maximum des Grauwertprofils Gr(Z,S). Durch
eine lineare Interpolation zwischen den beiden Extremwerten ergibt
sich aus Gl. 5.1 die folgende Näherung

$$K(Z,M,L) = \frac{Gr(Z,L) - Gr(Z,M)}{\Delta L}\,(\Delta L - 1 + e^{-\Delta L})$$

$$\text{mit} \quad \Delta L = (L-M)/T$$

Für einen Abstand $\Delta L \gg 1$ ergibt sich

$$K(Z,M,L) = Gr\,(Z,L)-Gr(Z,M)$$

d.h. man erhält die Differenz der Extremwerte.

Entsprechend der eben beschriebenen Vorgehensweise werden Dunkel-Hell-
Übergänge in Spaltenrichtung und Hell-Dunkel-Übergänge in Zeilen- und
Spaltenrichtung berechnet, so daß insgesamt vier Matrizen für die ver-

schiedenen Übergänge vorliegen. Aufgrund des rampenförmigen Grauwert-
verlaufs bei den Objektkonturen ist die Positionierung von Kontrast-
werten im Bild problematisch. Als günstig hat sich der Ort mit der
maximalen Grauwertänderung zwischen zwei Extremwerten erwiesen, d.h.
der Wendepunkte (zero crossing). Zwischen zwei Extremwerten des Grauwertprofils gibt es höchstens einen Kontrastwert $\neq 0$.

In den Abb. 5.17 - 5.19 sind die Ergebnisse der verschiedenen Verar-
beitungsschritte am Beispiel einer Parkplatzszene dargestellt.

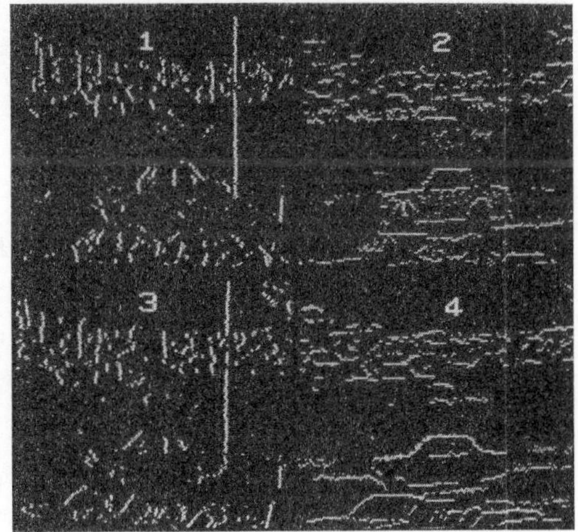

Abb. 5.17: Beispiel einer Parkplatzszene

Abb. 5.18: Kontrastwerte für Hell-
Dunkel-Übergänge in
Zeilen- und Spaltenrichtung
(1 bzw. 2) und für Dunkel-
Hell-Übergänge in Zeilen-
und Spaltenrichtung (3 bzw.
4). Kontrastschwelle = 25.

154

Abb. 5.19: Überlagerung aller vier Kontrastmatrizen zu einem Gesamt-
kontrastbild. Hier ist die Kontrastschwelle = 1, d.h. es
gibt mehr Kontrastwerte als in Abb. 5.18 /5.5/.

5.3 Textur

Eine Textur wird meist durch statistische Bildeigenschaften beschrieben
(fein-grob, fleckig, glatt, körnig, faserig, gerastert). Ursprünglich
verstand man darunter ein Bild, das sich aus periodisch wiederholten
kleinen Teilbildchen zusammensetzt. Allgemein bezeichnet "Textur" eine
Fläche, innerhalb der bestimmte lokale Eigenschaften - die Texturmerk-
male - konstant bleiben. Im Gegensatz zur Objekterkennung ist das Ergebnis einer Texturerkennung wieder ein Bild. Es zeichnen sich drei
Problemkreise ab:

- die Unterscheidung verschiedener Texturen

- die Unterscheidung von Textur und Nicht-Textur (z.B. Linie, Grenze,
  Objekt)

- die Bestimmung der Texturkanten /5.6/.

Ein wichtiger Schritt zum Verständnis des menschlichen Textur-Sehens
ist die Einteilung der menschlichen Wahrnehmung in <u>unmittelbares Erkennen (pure perception)</u> und Kognition (cognition), das ist die Erkennt-
nis durch genaues Prüfen. Unmittelbares Wahrnehmen ist spontan innerhalb
weniger zehntel Sekunden möglich und erfordert keine Unterstützung durch
kognitive Verarbeitungsstufen des Gehirns. Bei der Kognition wird angenommen, daß jeweils nur durch genaue Prüfung (scrutinity) eine Ent-
scheidungsfindung möglich ist /5.7/. Das Beispiel in Abb. 5.20 veranschaulicht diese Einteilung.

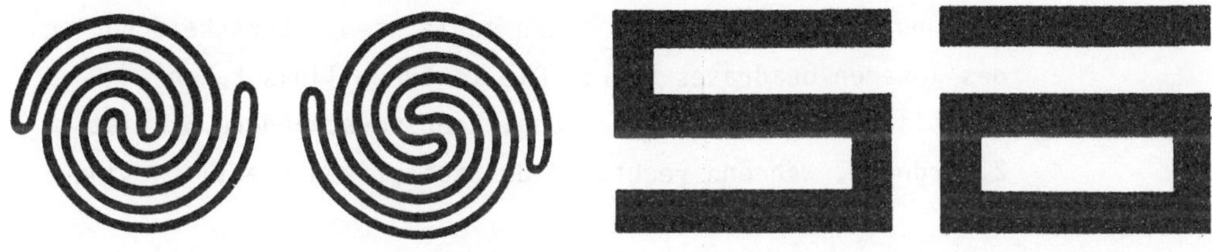

<u>Abb. 5.20:</u> Beispiel für die Einteilung der Wahrnehmung in Kognition,
d.h. Erkennen nach genauer Prüfung, und unmittelbares Erkennen innerhalb weniger zehntel Sekunden. Es ist nicht
sofort zu erkennen, daß die Figur links aus einer kontinuierlichen Linie und die Figur daneben aus zwei diskontinuierlichen Teilen besteht. Der kontinuierliche bzw. diskonti-
nuierliche Linienzug in dem S und der liegenden 10 recnts
ist sofort zu erkennen.

Die Grenzen des unmittelbaren Erkennens bei zunehmend komplexer werdenden
Mustern werden durch die allmähliche Überlastung höherer Wahrnehmungs-
zentren erklärt. Aufgrund der großen Zahl von Teilbildchen in Texturen
ist zu erwarten, daß bei der unmittelbaren Unterscheidung zweier verschiedener Texturen hauptsächlich niedrige Verarbeitungsstufen des
visuellen Systems beteiligt sind (low level vision). Ein Beispiel für
gut und schlecht unterscheidbare Texturen ist in Abb. 5.21 dargestellt.

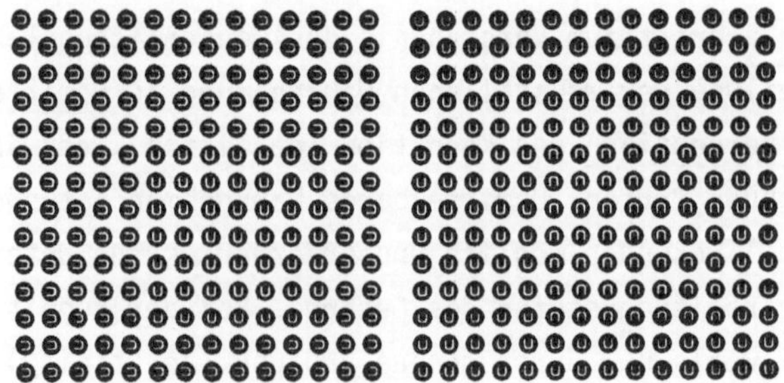

<u>Abb. 5.21:</u> Beispiel für gut und schlecht unterscheidbare Texturen. Das
innere Quadrat links ist gut erkennbar während eine 180°
Drehung der U's rechts zu einer schlechten Unterscheidung
des inneren Quadrates führt. Die Texturen links haben
identische Statistik 1. Ordnung, aber verschiedene Statistik
2. Ordnung, während rechts beide Statistiken identisch sind.

Die Unterschiede in der Wahrnehmbarkeit der inneren Quadrate in Abb.5.21
können global durch Unterschiede in der Statistik der Grauwertverteilun-
gen beschrieben werden. Die hier relevanten Statistiken 1., 2. und 3. Ordnung werden mit Hilfe von Abb.5.22 veranschaulicht.

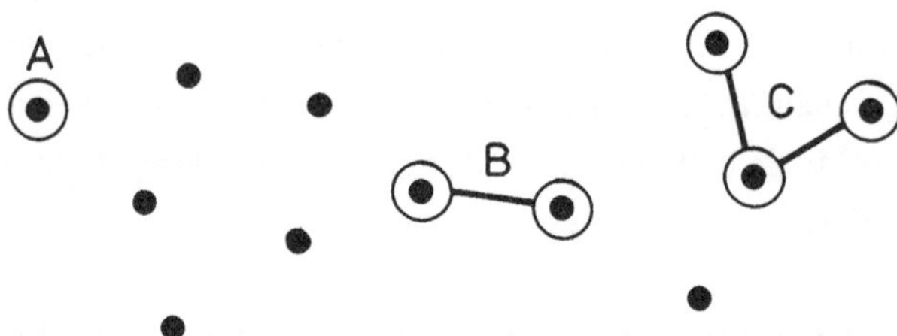

<u>Abb. 5.22:</u> Veranschaulichung der Statistik 1., 2. und 3. Ordnung.

Die Statistik 1. Ordnung ist die Wahrscheinlichkeitsverteilung für das
Treffen eines bestimmten Grauwertes, wenn wie in dem Beispiel Abb. 5.22
ein Ring A oder eine Münze willkürlich auf das Muster geworden wird. Die
Statistik 2. Ordnung ist die Verbundwahrscheinlichkeitsverteilung für das

Treffen zweier bestimmter Grauwerte durch die beiden Reifen B in Abb.5.22, welche die Enden einer willkürlich geworfenen Nadel von variabler Länge und Orientierung bilden. Ersetzt man die Nadel durch das Dreieck C, dann ist die Statistik 3. Ordnung die Wahrscheinlichkeit dafür, daß drei bestimmte Grauwerte innerhalb der Reifen an den Endpunkten des Dreiecks liegen, dessen Form im übrigen beliebig ist.

In Abb. 5.23a sind die beiden Texturen bei gleicher Statistik 1. Ordnung, aber verschiedener Statistik 2. Ordnung, gut unterscheidbar. Hier wurde das linke Halbbild durch einen zweidimensionalen Poisson-Prozeß erzeugt, während die rechte Hälfte durch denselben Prozeß mit der Auflage erzeugt wurde, daß der Abstand zweier Punkte nicht kleiner als ein bestimmter Wert d sein darf. In Abb. 5.23b haben die beiden Texturen innerhalb des oberen Quadrates eine identische Statistik 2. Ordnung. Sie sind auf den ersten Blick (pure perception) nicht unterscheidbar, obgleich sich die beiden Einzelelemente darunter sehr gut unterscheiden durch Merkmale wie "kompakt" und "offen". Obgleich bestimmte Neuronenklassen im primären visuellen Kortex die beiden Formen unterschiedlich bewerten, bilden diese Neurone offenbar keinen "pool" zur Unterscheidung der entsprechenden Texturen auf den ersten Blick (pure perception).

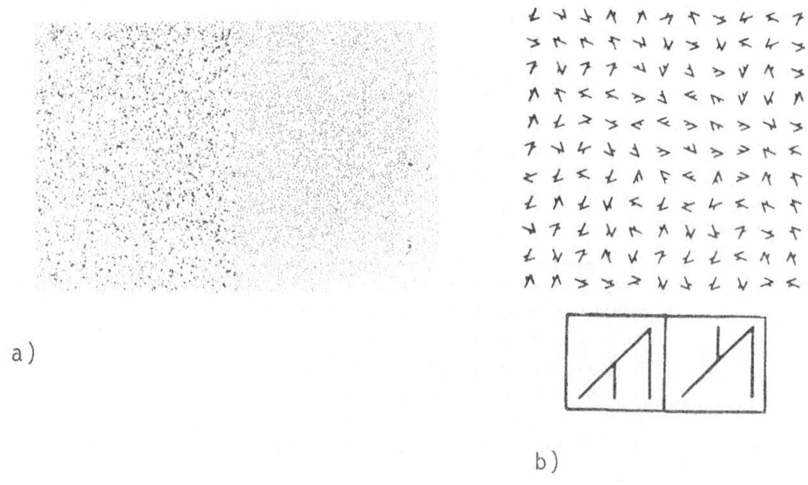

a)

b)

Abb. 5.23: In a) sind die beiden Texturen bei identischer Statistik 1.Ordnung, jedoch verschiedener Statistik 2. Ordnung, gut unterscheidbar. Im oberen Teil von b) sind die beiden Texturen auf den ersten Blick bei identischer Statistik 2.Ordnung nicht zu unterscheiden, obgleich die vergrößert gezeigten Einzelelemente sich sehr gut unterscheiden lassen.

Nach /5.7/ können durch unmittelbares Erkennen (pure perception) nur globale Unterschiede in der Statistik 1. und 2. Ordnung erkannt werden. Die für die Texturerkennung in Frage kommenden visuellen Verarbeitungssysteme können global keine Statistiken höherer Ordnung berechnen.

Aus der Tatsache, daß Texturen mit identischer Statistik 2. Ordnung, aber gut unterscheidbaren Einzelelementen (siehe Abb. 5.23b), global nicht unterschieden werden können, kann geschlossen werden, daß die Position von Einzelelementen innerhalb des Grundmusters nicht berücksichtigt wird. Die Statistik 2. Ordnung bestimmt im übrigen die Autokorrelationsfunktion, dessen Fourier-Transformierte das Leistungsdichtespektrum ist. Gleiche Statistik 2. Ordnung bedeutet also gleiches Leistungsdichtespektrum und Positionsunabhängigkeit resultiert aus der Phasenunabhängigkeit.

Wenn sich zwei Texturen trotz gleicher Statistik 2. Ordnung auf den ersten Blick unterscheiden lassen, dann ist das nach /5.7/ nur aufgrund lokaler Merkmale möglich, durch welche sich spezielle Elemente, sogenannte <u>Textons</u>, unterscheiden.

Abb. 5.24a, b und c sind Beispiele für Texturen mit jeweils identischer Statistik 2. Ordnung. Trotzdem sind die inneren Quadrate auf den ersten Blick gut von der umgebenden Textur zu unterscheiden.

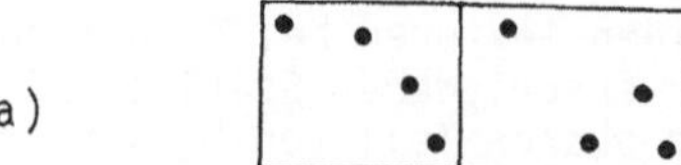

a)

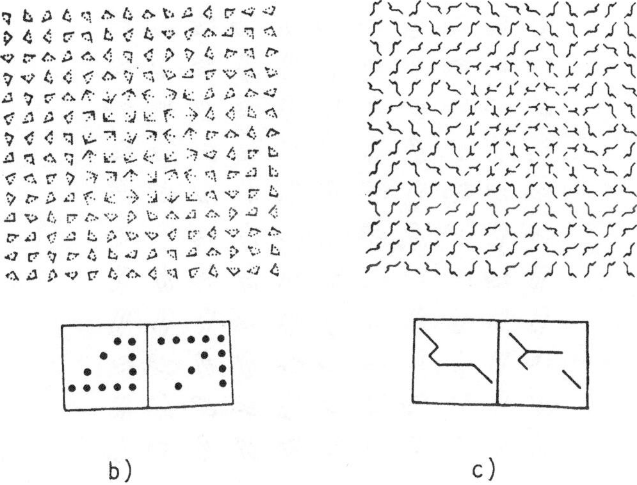

b)   c)

Abb. 5.24: Texturen mit jeweils gleicher Statistik 2. Ordnung. Die
inneren Quadrate werden aufgrund lokaler Merkmale von der
umgebenden Textur auf den ersten Blick unterschieden.

In Abb. 5.24a ist das unterscheidende Merkmal "quasi Kollinearität" von
Punkten, in b) Geschlossenheit und in c) "Kontinuität".

Allgemein scheinen neben der <u>Farbe</u> quasi-kollineare Strukturen <u>(Linien-
segmente)</u> und <u>Kleckse</u> mit verschiedener Breite, Länge und Orientierung
und verschiedenem Verhältnis von Breite zu Länge wesentliche lokale Strukturen zu sein, welche durch ihre unterschiedliche Statistik 1. Ordnung
eine Texturunterscheidung ermöglichen.

Darüber hinaus gibt es eine weitere Klasse von Textons, nämlich die Anzahl
der <u>Linienenden</u>. In Abb. 5.25 ist das innere Quadrat in der Textur auf den
ersten Blick nicht erkennbar, obgleich sich das S und die liegende 10
durch Merkmale wie offen/geschlossen und kontinuierlich/diskontinuierlich
unterscheiden.

Als Grund für die Nicht-Unterscheidbarkeit wird neben der gleichen Zahl
von Liniensegmenten die übereinstimmende Zahl von Linienenden vermutet.
Wenn diese Zahlen nicht übereinstimmen, dann ist wie in Abb. 5.24 eine
Unterscheidung möglich. Auch in der Textur in Abb. 5.25 spielt die genaue

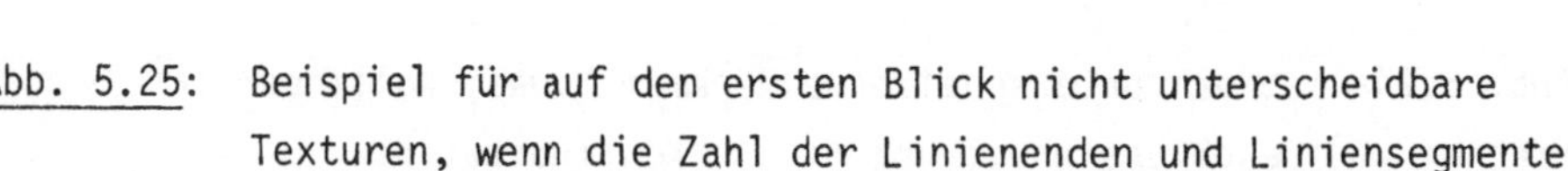

Abb. 5.25: Beispiel für auf den ersten Blick nicht unterscheidbare
            Texturen, wenn die Zahl der Linienenden und Liniensegmente
            übereinstimmt.

Position der Linienenden keine Rolle. Zusammenfassend ergibt sich: Beim
unmittelbaren Erkennen von Texturunterschieden kann das menschliche visuelle System keine statistischen Parameter höher als 2. Ordnung berechnen. Texturen mit gleicher Statistik 2. Ordnung können unterschieden
werden, wenn Unterschiede bei lokalen Strukturen bestehen, welche Textons
genannt werden.

5.4 Stereosehen

Zwei wichtige Voraussetzungen für die Tiefenwahrnehmung sind beim
Menschen erfüllt.

- Er hat _zwei_ nach _vorne_ gerichtete Augen, deren Gesichtsfelder sich
  weitgehend entsprechen.

- Die Netzhaut besitzt eine gut ausgebildete Fovea, deren Zentrum
  als Bezugspunkt eine genaue Kontrolle der Augenbewegung erleichtert.

Tiefe ist auch monokular wahrnehmbar mit Hilfe der Bewegungsparallaxe,
entfernungsabhängigen Kontraständerungen, Texturkompression u.ä. Binokular wird die Konvergenz der Augen beim Fixieren eines Objektes zur
Entfernungsschätzung benutzt mit dem Nachteil, daß immer nur die Entfernung _eines_ Objektes zur gleichen Zeit meßbar ist. Im Laufe der
Evolution wurde deshalb ein Mechanismus entwickelt, mit dessen Hilfe
die Entfernung von vielen Objekten _gleichzeitig_ berechnet werden kann.
Diesen Mechanismus bezeichnet man als _Stereosehen_.

Der Abstand zwischen den Augen beträgt ungefähr 7 cm. Sie erhalten
daher etwas verschiedene Bilder. Die unterschiedliche Position der
Netzhautbilder führt i.a. nicht zu der Wahrnehmung von Doppelbildern
sondern zur Raumwahrnehmung durch stereoskopisches Sehen. Die Richtung
des räumlich wahrgenommenen Objekts ergibt sich mit Hilfe des sog.
zyklopischen Auges, welches in Höhe der Nasenwurzel zu denken ist und
die Bilder der beiden Augen kombiniert darstellt. Das Konzept des
zyklopischen Auges ist in Abb. 5.26 dargestellt. Ein Punkt einer
Fensterscheibe Fe wird binokular fixiert. Die Kirche und der Baum, die
bei monokularer Beobachtung mit dem linken bzw. rechten Auge jeweils
hinter dem Fixierpunkt gesehen werden, erscheinen bei binokularer Betrachtung in der Blickrichtung des zyklopischen Auges.

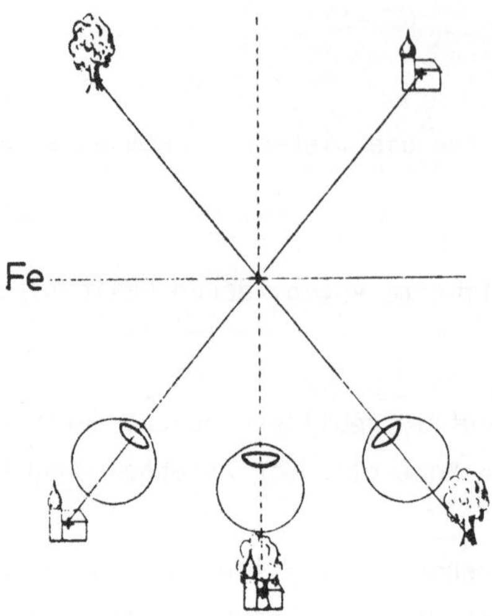

Abb. 5.26: Konzept des zyklopischen Auges nach /5.8/.

Ein binokular fixierter Raumpunkt wird als ein Punkt gesehen, wenn er
auf korrespondierende Netzhautpunkte abgebildet wird, d.h. Punkte mit
denselben retinalen Koordinaten. In Abb. 5.27 wird veranschaulicht,
daß bei Fixation eines Punktes F der geometrische Ort für alle Raumpunkte C mit korrespondierenden Netzhautstellen theoretisch ein Kreis
durch den Fixationspunkt F und die beiden Knotenpunkte der Augen ist,
der sog. Vieth-Müller-Kreis. Experimentell ergibt sich als geometrischer
Ort der sog. Horopter, der von der theoretischen Kurve abweicht. Raumpunkte in dem Tiefenbereich E vor und hinter dem Horopter H werden einfach, bei größerem Abstand von Horopter doppelt gesehen.

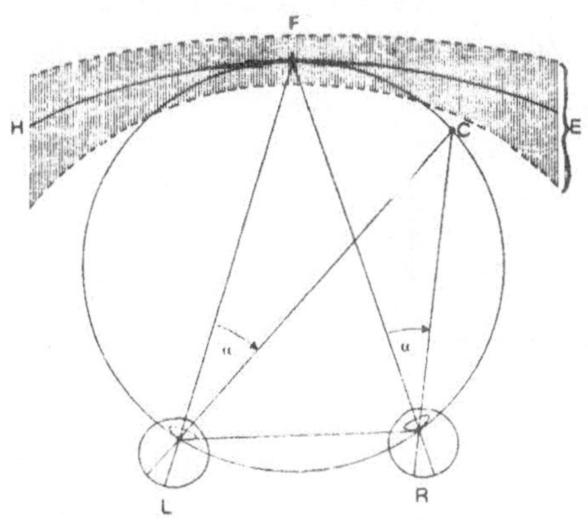

Abb. 5.27: Vieth-Müller-Kreis und ein empirischer Horopter H
            nach /5.8/.

Unter binokularer Fusion versteht man den Vorgang, der zur Ver-
schmelzung der Beiträge des rechten und linken Auges in der Wahrnehmung
führt. Die Fusion tritt ein, wenn beide Netzhautbilder vollständig gleich
sind und auf korrespondierende Netzhautstellen fallen. Diese Bedingung
ist aber nicht notwendig; auch verschiedene Netzhautbilder können
fusioniert werden solange sie innerhalb des Panum-Bereiches liegen.
Das ist ein Toleranzbereich um die korrespondierenden Netzhautstellen,
der von einem minimalen Wert von $\pm$ 3' beim fovealen Sehen auf über
$\pm$ 30' bei 5° Exzentrizität ansteigt. Darüberhinaus werden Maßstabs-
änderungen bis zu einem Faktor 1.5 toleriert.

Stereoskopisches Sehen wird durch die sog. Querdisparität in den beiden
Netzhautbildern hervorgerufen. Dieser Begriff soll an Hand von Abb. 5.28
erläutert werden. Wenn der dunkle Stab fixiert wird, fällt sein Bild
in beiden Augen auf korrespondierende Netzhautorte, das Bild des hellen
Stabes dagegen nicht. Es ergeben sich verschieden große Abstände m und
n von dem Bild des fixierten schwarzen Stabes. Die Differenz der Abstände n und m ist die Querdisparität. Je größer die Querdisparität,
desto größer die wahrgenommene steroskopische Tiefe. Für die Punkte
auf dem Horopter H in Abb. 5.27 ist die Querdisparität definitionsgemäß

gleich Null. Bei Punkten innerhalb des Bereiches E tritt eine Querdisparität auf. Sie werden trotzdem einfach gesehen und erscheinen wegen der Querdisparität in stereoskopischer Tiefe.

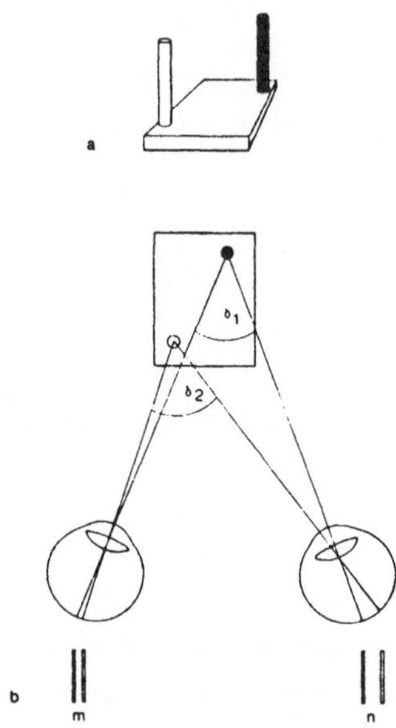

Abb. 5.28: Erläuterung des Begriffes der Querdisparität an Hand
zweier Stäbe mit unterschiedlichem Abstand zum Auge /5.8/

Die Auflösungsgrenze des visuellen Systems für Querdisparitäten entspricht mit 5'' der Nonius-Auflösungsgrenze. 5'' Sehwinkel entsprechen 0.42 µm auf der Netzhaut bzw. 1/12 Zapfendurchmesser oder 24 µm Verschiebung einer Linie in 1 m Entfernung!

Mit Hilfe von Abb. 5.29 soll im folgenden eine Beziehung zwischen dem relativen Abstand d zweier Raumpunkte F und A, dem Abstand E des fixierten Punktes F, der Augenbasis b und der Querdisparität ζ auf der Netzhaut hergestellt werden.

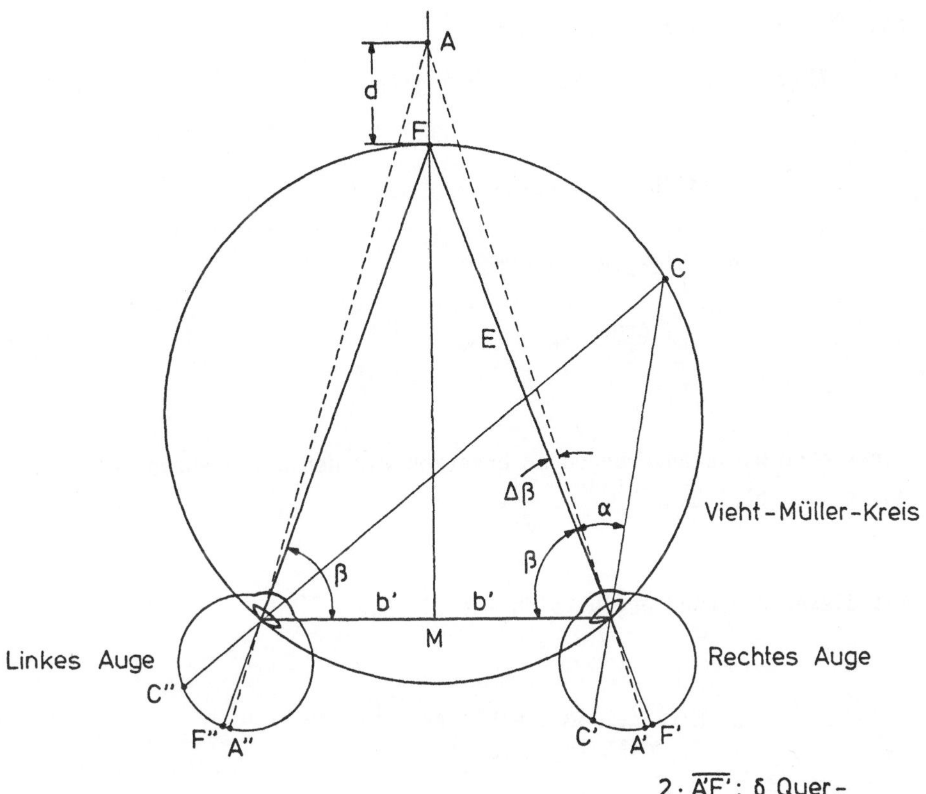

Abb. 5.29: Binokulare Fixation des Raumpunktes F. Mit Hilfe dieses Schemas wird eine Beziehung zwischen dem relativen Abstand d der Punkte F und A, der Entfernung E des Auges, der Augenbasis 2b' und der Querdisparität 2 Δβ abgeleitet.

Die Netzhautbilder F' und F'' des fixierten Raumpunktes F befinden sich an korrespondierenden Netzhautpunkten ebenso wie die Netzhautbilder C' und C'' des Punktes C auf dem Vieth-Müller-Kreis. M ist der Mittelpunkt der Augenbasis 2b' = b.

Mit $\overline{MF}$ = x gilt x/b' = tgβ und mit

d als Abstand der Raumpunkte F und A gilt

$$(x+d)/b' = tg\ (\beta+\Delta\beta)$$

$$d = b'[tg(\beta+\Delta\beta) - tg\beta]$$

$$= b'\ \frac{\Delta tg\beta}{\Delta\beta}\ \Delta\beta \tag{5.2}$$

Für kleine Winkeländerungen $\Delta\beta$ ersetzen wir den Differenzenquotienten
durch die Ableitung $\dfrac{dtg\beta}{d\beta} = \dfrac{1}{\cos^2\beta}$

Mit dieser Näherung ergibt sich aus Gl. 5.2

$$d \approx b'\ \frac{1}{\cos^2\beta}\ \Delta\beta = b'\frac{E^2}{b'^2}\ \Delta\beta = \frac{E^2}{b'}\ \Delta\beta \tag{5.3}$$

Wie aus Abb. 5.29 hervorgeht, haben die Verschiebungen F''A'' und F'A'
der Netzhautbilder des Raumpunktes A zwar den gleichen Betrag aber ent-
gegengesetzes Vorzeichen, so daß sich für die Querdisparität ζ ergibt

$$\zeta = F''A''-F'A' = 2\Delta\beta$$

Mit der Augenbasis b = 2b' ergibt sich aus Gl. 5.3

$$d \approx \frac{E^2}{b}\ \zeta \tag{5.4}$$

ζ im Bogenmaß

Mit Hilfe von Gl. 5.4 lassen sich für verschiedene Entfernungen E die
kleinsten noch stereoskopisch wahrnehmbaren Abstände d ausrechnen, wenn
man die Zahlenwerte für die kleinste noch auflösbare Querdisparität
ζ = 5'' und für die Augenbasis b = 7 cm einsetzt.

In 100 cm Entfernung ergibt sich

$$d = \frac{10^4}{7} \; 2{,}42 \; 10^{-5} = 0.035 \text{ cm}$$

und in 1000 m = 10^5 cm Entfernung

$$d = \frac{10^{10}}{7} \; 2{,}42 \; 10^{-5} = 35\ 000 \text{ cm}.$$

In anderen Worten: Bei 1m Entfernung des Fixationspunktes kann ein Abstand von 0.35 mm vom Fixationspunkt stereoskopisch gerade noch aufgelöst werden, bei einem 1 km entfernten Fixationspunkt ist der entsprechende Abstand bereits 350 m. In /5.9/ wird das Stereosehen auf Entfernungen bis etwa 6 m beschränkt. Darüberhinaus ist der Mensch effektiv einäugig.

Bevor auf Einzelheiten eines interessanten Modells eingegangen wird, in welchem das Stereosehen auf die Wechselwirkung verschiedener Neuronentypen zurückgeführt wird, soll an Hand von Abb. 5.30 der Abbildungsvorgang auf die beiden Hemispheren verdeutlicht werden.

Die Buchstaben A bis E sind jeweils verschiedenen Schnitten durch Sehbahnen zugeordnet, wobei rechts die Sehfelder schraffiert dargestellt sind, deren Information durch die geschnittenen Sehbahnen übertragen wird. Deutlich erkennbar ist, daß das rechte Sehfeld in die linke Hemisphere projiziert wird, wo die Verrechnung der Information der rechten Netzhäute beider Augen für das Stereosehen vorgenommen wird.

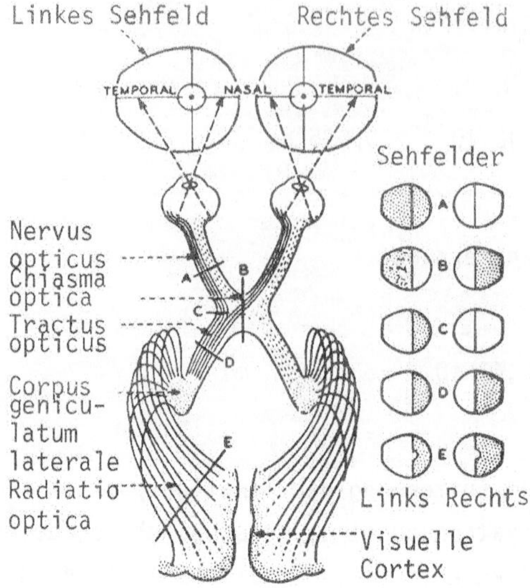

<u>Abb. 5.30:</u> Anatomie der visuellen Sehbahnen. Fasern derselben Netz-
hauthälften werden aufgrund der Sehnervkreuzung in dieselbe
Hirnhälfte projiziert.

Je nachdem, ob die Bilder auf den Netzhäuten zur nasalen Seite oder
zur temporalen Seite verschoben sind, spricht man von konvergenter oder
divergenter Disparität. In Abb. 5.31 ist für den Fall eines Rechteckes
verdeutlicht, daß bei konvergenter Disparität das Rechteck A beim Stereosehen oberhalb der fixierten Ebene S und bei divergenter Disparität
unterhalb der Ebene S also als Loch gesehen wird.

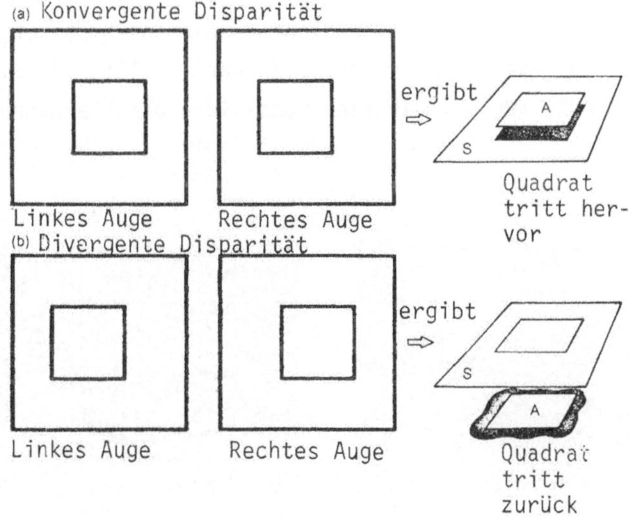

Abb. 5.32: Konvergente und divergente Disparität führt beim Stereosehen zur Wahrnehmung eines hervortretenden Quadrats bzw.
einer quadratischen Vertiefung

Bis vor einigen Jahren gab es zwei verschiedene Theorien zum Stereosehen,
die in Abb. 5.33 verdeutlicht sind. Im Fall a wird angenommen, daß eine
Objekterkennung nach der binokularen Fusion zum Stereosehen erfolgt. Im
Fall b wird angenommen, daß zunächst eine Objekterkennung monokular erfolgt bevor durch binokulare Fusion ein Stereosehen möglich ist.

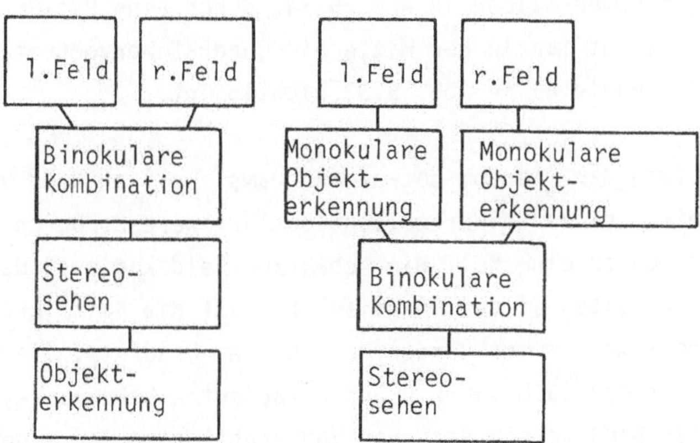

Abb. 5.33: Flußdiagramm für zwei verschiedene Theorien des Stereosehens

Eine Entscheidung für eine dieser beiden Theorien war erst möglich durch
Einführung der sog. "random dot pattern" in die Psychophysik /5.10/. Das
sind Schwarz-Weiß-Muster wie in Abb. 5.34 dargestellt, die mit Hilfe eines
Rechners so erzeugt werden, daß eine monokulare Objekterkennung unmöglich
ist.

Abb. 5.34: Ein sog. random-dot-stereogram. Bei monokularer Betrachtung
            wird eine gleichförmige Textur mit zufällig verteilten
            "Klecksen" wahrgenommen /5.10/. Nach stereoskopischer Fusion
            beider Bilder sieht man in der Mitte ein Quadrat.

Wenn der Anaglyph dieses Stereogramms, das ist die Überlagerung der beiden
grün bzw. rot gefärbten Bilder in Abb. 5.34, durch eine Rot-Grün-Brille
betrachtet wird, sieht man in der Mitte ein Quadrat hervortreten. Das ist
der Beweis, daß Theorie a) in Abb. 5.33 richtig ist.

Wegen der Bedeutung der "random-dot-stereograms" soll an Hand von Abb. 5.35
die Vorgehensweise bei deren Herstellung erklärt werden. Durch eine 1 wird
ein weißes Feld, durch eine Null ein schwarzes Feld kodiert. Der Hintergrund ist für die beiden Bilder identisch bis auf die seitlichen mit den
Buchstaben Y und X markierten Ränder des inneren Quadrats. Die zur besseren
Unterscheidung mit den Buchstaben A und B kodierten Schwarz-Weiß-Werte des
inneren Quadrates sind um ein Kästchen von rechts nach links verschoben,
was die Querdisparität 1 ergibt. Die Schwarz-Weiß-Werte Y und X werden so

verteilt, daß das innere Quadrat monokular micht aufgrund der Ränder erkannt werden kann. Wegen der Querdisparität wird bei stereoskopischer Fusion ein hervortretendes Viereck wahrgenommen (konvergente Disparität).

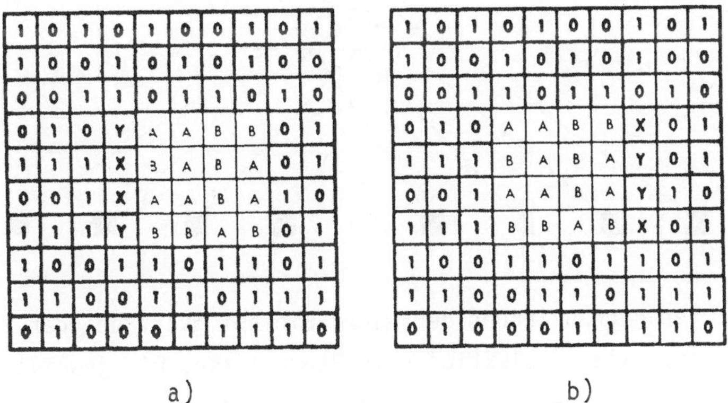

a)   b)

Abb. 5.35: Erzeugung eines "random-dot-stereogram". Das aus den Schwarz-Weiß-Werten A und B bestehende Quadrat in a) wurde um ein Kästchen von rechts nach links verschoben.

Eine wesentliche Schwierigkeit für mathematische Modelle des Stereosehens besteht in der Nicht-Eindeutigkeit der Zuordnung von Bildpunkten zu Raumpunkten entsprechend den Ausführungen in Abschnitt 2.2. Diese Schwierigkeit wird anhand von Abb. 5.36 veranschaulicht. Hier werden die vier schwarzen Quadrate links unten auf die Netzhaut des linken Auges (rechts oben) und entsprechend die vier Quadrate rechts unten auf die Netzhaut des rechten Auges projeziert. Die Anordnung ist so gewählt, daß jede der Projektionen in dem einen Auge mit jeder Projektion im anderen Auge zur Fusion gebracht werden kann. Das bedeutet, daß aufgrund der retinalen Bilder nicht zwischen den sechzehn möglichen Raumpunkten unterschieden werden kann, die an den Schnittpunkten der Sichtlinien in Abb. 5.36 durch Kreise markiert sind. Von diesen sechzehn möglichen Punkten sind nur vier richtig, nämlich die durch ausgefüllte Kreise markierten Punkte mit der Disparität Null, wobei wir in Zukunft statt Querdisparität kurz Disparität sagen.

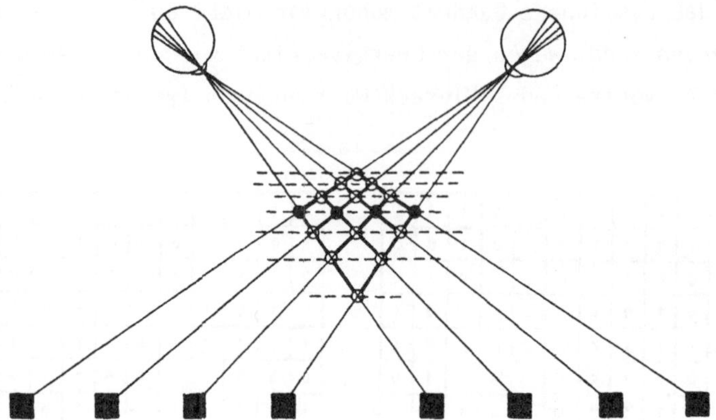

Abb. 5.36: Veranschaulichung der Nicht-Eindeutigkeit bei der Zuordnung
retinaler Projektionen zu Raumpunkten. Die jeweils vier
Projektionen in jedem Auge können nach binokularer Fusion
den sechzehn durch Kreise markierten Raumpunkten zugeordnet
werden /5.10/.

Ohne einschränkende Bedingungen, sogenannte Zwangsbedingungen, die auf
globalen Betrachtungen aufbauen, lassen sich solche zweideutigen Zuordnungen nicht beseitigen. In /5.11/ wurden diese Zwangsbedingungen als
zwei Regeln formuliert:

1. <u>Eindeutigkeit</u>: Jedes Merkmal in einem Bild besitzt höchstens einen
   Wert für die Disparität. Dieser Regel liegt die Annahme zugrunde, daß
   jedem Merkmal eine Größe mit einem eindeutig bestimmten physikalischen Ort entspricht.

2. <u>Kontinuität</u>: Die Disparität ändert sich im allgemeinen langsam in
   Abhängigkeit vom Ort. Dieser Regel liegt die Erfahrung zugrunde, daß
   die Oberflächen von Körpern im allgemeinen glatten Flächen entsprechen. Diskontinuitäten bezüglich der Tiefe oder Disparität treten
   nur im Randbereich, d.h. bei den Begrenzungskurven auf, deren Anteil an der Gesamtzahl der Objekt-Bildpunkte klein ist.

Wichtig gerade im Zusammenhang mit der ersten Regel ist die Tatsache,

daß Grauwerte als Merkmale ungeeignet sind. Das ist leicht am Beispiel
eines Goldfisches in einem Goldfischglas einzusehen. Hier enthalten viele
Bildpunkte sowohl Beiträge vom Behälter als auch vom Goldfisch, so daß
der Zusammenhang zwischen den Grauwerten und dem physikalischen Ort für
diese Punkte nicht eindeutig ist. Dagegen können <u>Änderungen</u> der Leuchtdichte gewöhnlich genau einem Objekt, z.B. dem Goldfisch oder dem Behälter, zugeordnet werden und eignen sich deshalb besser als Merkmale
für die Berechnung einer Disparität.

Ausgehend von den oben zitierten beiden Regeln wurde in /5.11/ ein Netzwerk vorgeschlagen, dessen Eigenschaften in Abb. 5.37 und 5.38 veranschaulicht sind. Zunächst werden verschiedene neuronale Ebenen für die
verschiedenen Disparitäten gefordert. In Abb. 5.37 sind sieben Ebenen mit
den Disparitäten -3 bis +3 eingezeichnet.

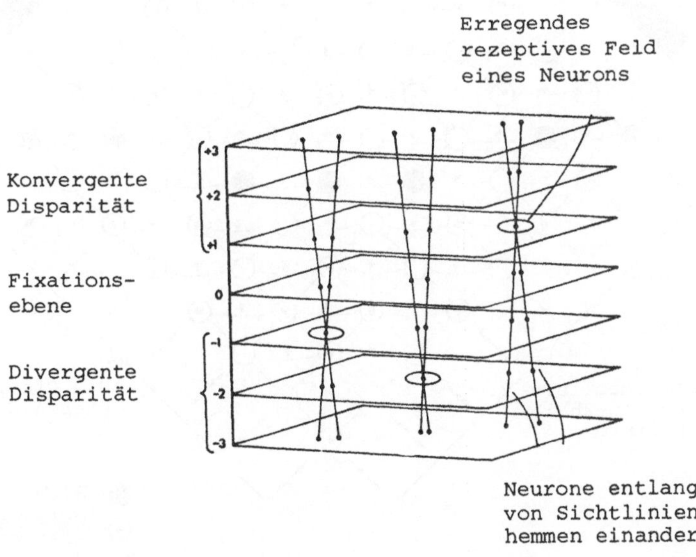

<u>Abb. 5.37:</u> Ebenen mit verschiedenen Disparitäten. Die durchgezogenen
Linien verbinden Zellen, die auf einer Sichtlinie des linken
bzw. des rechten Auges liegen (siehe Abb. 5.36). Ihr Schnittpunkt hat eine bestimmte Disparität. Zellen mit dieser Disparität haben einen erregenden Einfluß, der durch einen Kreis
angedeutet ist. Die einzelnen Ebenen hemmen sich untereinander über die Sichtlinien-Fasern.

Die Idee bei der Konstruktion dieses sogenannten <u>kooperativen</u> Netzwerks
ist, durch die Verstärkung in einer Disparitätsebene die relativ glatte
Oberfläche eines Objektes zu gewinnen und durch Hemmung der verschiedenen Disparitätsebenen untereinander die Fehlzuordnungen aufgrund ihrer
geringeren Ausdehnung zu eliminieren.

In Abb. 5.38 ist ein Vertikalschnitt durch das Netzwerk dargestellt.

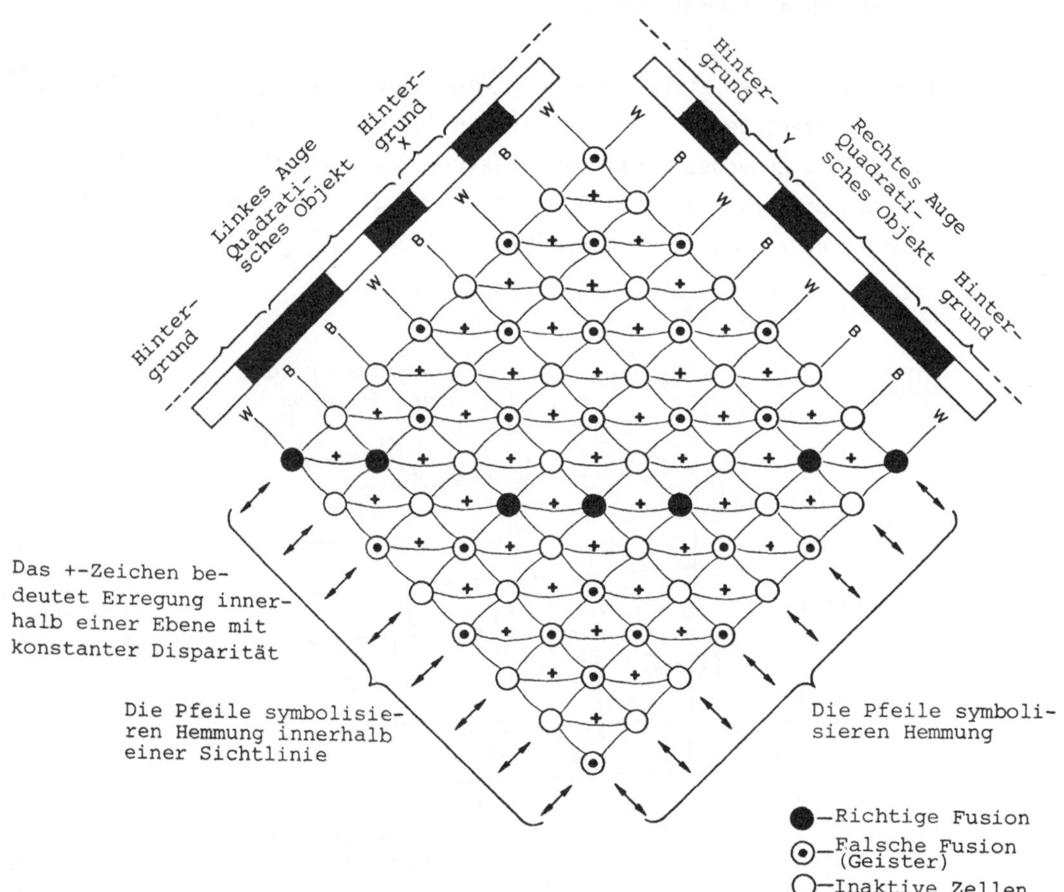

Abb. 5.38: Ausschnitt aus einem kooperativen Netzwerk zur globalen Segmentierung von Flächen mit verschiedener Tiefe /5.12/.

Das Schwarz-Weiß-Muster links und rechts oben stellt das visuelle Eingangs-
muster dar. Es besteht aus Hintergrundselementen und einem Schwarz-Weiß-
Schwarz-Gebiet, welches im linken Auge um eine Einheit (x) nach links ver-

schoben ist, also die Disparität -1 besitzt. Mit einem Punkt im Kreis
sind die zahlreichen möglichen Fehlzuordnungen markiert. Die ausgefüll-
ten Kreise symbolisieren die richtige Zuordnung, die aus je zwei Hintergrundselementen mit der Disparität Null und drei Objektpunkten mit der
Disparität -1 besteht. Die Aufgabe der erregenden Verbindungen innerhalb
einer Disparitätsebene und der hemmenden Verbindungen zwischen den verschiedenen Disparitätsebenen besteht in der Eliminierung der Fehlzuordnungen. Das beschriebene Netzwerk ist äquivalent zu dem folgenden Algorithmus

$$C_{xyd}^{(n-1)} = \sigma\{ \sum_{x'y'\epsilon S(xyd)} C_{xyd}^{(n)} - H \sum_{x'y'd'\epsilon O(x,y,d)} C_{x'y'd'}^{(n)} + C_{xyd}^{(o)} \} \quad ,$$

wo σ eine Sprungfunktion bedeutet mit

$\sigma(z) = o$ für $z<\delta$ und $u(z) = 1$ sonst, δ : Schwelle

$C_{xyd}^{(n)}$ ist die Erregung einer Zelle am Ort x,y in der Ebene mit der Disparität d zu einem Zeitpunkt t_n (oder nach der n'ten Iteration).

S(xyd) ist ein kreisförmiger erregender Einzugsbereich in der gleichen
Ebene um die Zelle und O(x,y,d) ist der hemmende Einzugsbereich entlang
der Sichtlinien, wobei H ein Maß für die Stärke der Hemmung bedeutet.
$C_{xyd}^{(o)}$ ist die Anfangsaktivität der Zelle,

Dieser kooperative Algorithmus erzeugt typische nicht-lineare kooperative Phänomene wie Hysterese, Ausfüllen von Flächen und Unordnung zu
Ordnung-Übergänge . In Abb. 5.39 sind einige Iterationsschritte für
den Fall eines "random-dot-stereogram" veranschaulicht. Der Anfangs-
zustand links oben wird zerlegt in Hintergrund mit Disparität Null und
ein quadratisches Objekt mit Disparität -2.

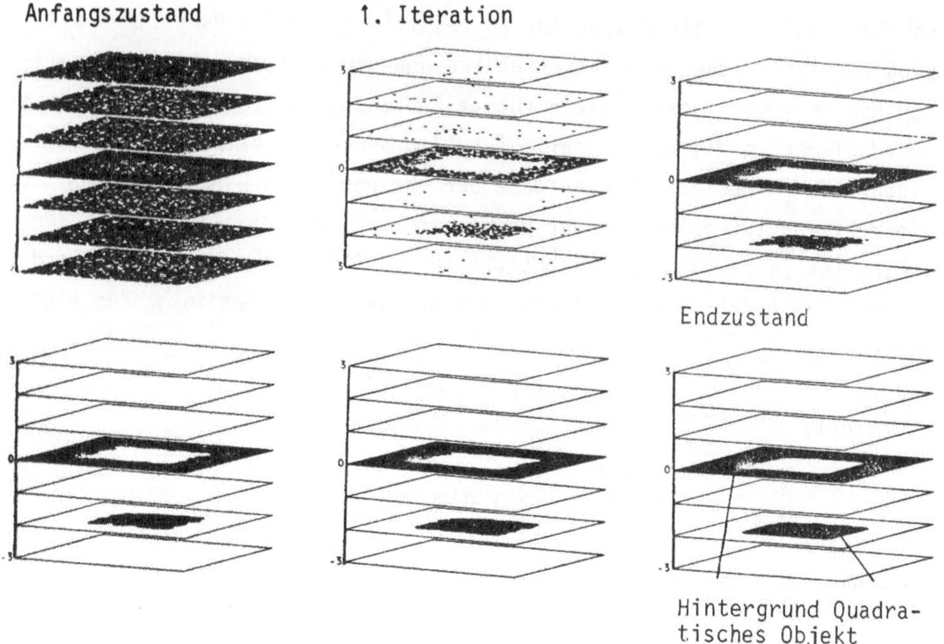

Abb. 5.39: Verarbeitung eines "random-dot-stereogram" mit Hilfe des Marr/Poggio Netzwerkes /5.12/.

Literatur zu Kapitel 5

/5.1/   J.P. Frisby, Seeing, Illusion, Brain and Mind, Oxford University
         Press, Oxford, 1979.

/5.2/   C.G. Gross, D.B. Bender, C.E. Rocha-Miranda, Infero-Temporal
         Cortex: A Single Unit Analysis, In: The Neurosiences Third Study
         Program, F.O. Schmitt and F.G. Worden (eds.), MIT Press,
         Cambridge, 1974.

/5.3/   D.H. Hubel, T.N. Wiesel, M.P. Stryker, Anatomical Demonstration
         of Orientation Columns in Macaque Monkey, Journal of Comparative
         Neurology, 177, pp. 361-380, 1978.

/5.4/   D. Marr, Early Processing of Visual Information, Philosophical
         Transactions of the Royal Society of London, Series B, 275,
         pp. 483-524, 1976.

/5.5/   A. Korn, Segmentierung und Erkennung eines Objektes in natürli-
         cher Umgebung, Informatik-Fachberichte Nr. 17, S. 265-274,
         Springer-Verlag, Berlin, 1978.

/5.6/   E.E. Triendl, Texturerkennung und Texturreproduktion, Kybernetik
         13, 1-5, 1973.

/5.7/   B. Julesz, Textons, the Elements of Texture Perception, and their
         Interactions, Nature, 290, pp. 91-97, 1981.

/5.8/   Ch.v. Campenhausen, Die Sinne des Menschen,
         Bd.1, Thieme Verlag, 1981.

/5.9/   R.L. Gregory, Auge und Gehirn, Fächer Taschenbuch Verlag,
         Frankfurt am Main, 1972.

/5.10/   B. Julesz, Foundations of Cyclopean Perception, The University
         of Chicago Press, Chicago, 1971.

/5.11/   D. Marr and T. Poggio, Cooperative Computation of Stereo Dis-
          parity, M.I.T. Artifical Intelligence Laboratory Memo Nr.364,
          June 1976.

/5.12/   J.P. Frisby, Seeing, Illusion, Brain, and Mind, Oxford Univer-
          sity Press, Oxford, 1979.

Literatur zur Ortsfrequenzfilterung im visuellen System:

F.W. Campbell, J.G. Robson, Application of Fourier Analysis to the
Visibility of Gratings, J. Physiol. (London) 197, pp. 551-566, 1968.

F.W. Campbell, E.R. Howel, J.G. Robson, The Appearance of Gratings with
and without the Fundamental Fourier Component, J. Physiol. 217,
p. 17, 1971.

A.P. Ginsburg, Specifying Relevant Spatial Information for Image Evalu-
ation and Display Design: An Explanation of How We See Objects. Procee-
dings of the Society for Information Display, 21, pp. 219-227, 1980.

Sachverzeichnis

Der Buchstabe "f" hinter der Seitenzahl bedeutet, daß das
Stichwort auf den folgenden Seiten des jeweiligen Referates
noch öfters auftritt.
"→" verweist auf ein entsprechendes Sachwort im Verzeichnis.

Messen, Steuern und Regeln in der Chemischen Technik

Herausgeber: J. Hengstenberg, B. Sturm, O. Winkler

3. neubearbeitete Auflage

Die 2. Auflage von **Messen und Regeln in der Chemischen Technik** hat 16 Jahre als Standardwerk der Meßtechnik, Steuerungstechnik und Regelungstechnik gedient. In der 3. Auflage, die wegen der technischen und strukturellen Entwicklung und Ausdehnung des Gesamtgebietes notwendig geworden ist, wird im Titel der Begriff „Steuern" mitaufgenommen und das Werk neu aufgeteilt.
Die Veränderungen und Verbesserungen haben zu einer nahezu völligen Neubearbeitung gegenüber der 2. Auflage geführt, wobei durchgehend die SI-Einheiten benutzt werden.

Band 1
Betriebsmeßtechnik I
Messung von Zustandsgrößen, Stoffmengen und Hilfsgrößen

1980. 686 Abbildungen in 822 Teilbildern, 67 Tabellen.
XVII, 788 Seiten
Gebunden DM 298,-
Subskriptionspreis gültig bei Abnahme des Gesamtwerkes
Gebunden DM 238,40
ISBN 3-540-08672-2

Inhaltsübersicht: Temperaturmessung. - Druckmessung. - Durchflußmeßtechnik. - Volumenmessung. - Wägetechnik. - Dosierverfahren. - Standmessung. - Dickenmessung. - Drehzahlmessung. - Schwingungsmessung. - Schallmessung. - Meßumformung und Signalverarbeitung. - Sachverzeichnis.

Im Band 1 nehmen, ihrer Bedeutung für die Prozeßführung entsprechend, die Betriebsmeßverfahren für die „klassischen" Prozeßgrößen (Temperatur, Druck, Durchfluß und Stand), sowie die Wäge- und Dosierverfahren den größten Umfang ein.
Über die Methoden zur Messung von „Hilfsgrößen", die fallweise im Chemiebetrieb verlangt werden, wie Dichte, Drehzahl, Schwingungen und Schall orientieren kürzere Beiträge. Ein besonderer Abschnitt ist den Anzeige- und Registrierverfahren gewidmet.

Band 2
Betriebsmeßtechnik II
Messung von Stoffeigenschaften und Konzentrationen (Physikalische Analytik)

1980. 450 Abbildungen in 502 Teilbildern, 57 Tabellen.
XVI, 673 Seiten
Gebunden DM 282,-
Subskriptionspreis gültig bei Abnahme des Gesamtwerkes
Gebunden DM 225,60
ISBN 3-540-09285-4

Inhaltsübersicht: Optische Betriebsanalysengeräte. - Gasanalyse mittels Paramagnetismus. - Gasanalyse durch Messung der Wärmeleitfähigkeit. - Messung der Wärmetönung zur Gasanalyse und Brennwertbestimmung. - Stoffanalyse durch Messung der Dichte. - Feuchtemessung. - Staubmeßverfahren. - Prozeßchromatographie. - Elektronische Meßmethoden. - Rheologische Betriebsmeßverfahren. - Volumetrische Analysenverfahren. - Handprüfmethoden. - Spezielle physikalische Analysenverfahren für Betriebszwecke. - Eich- und Prüfgasgemische und ihre Herstellung. - Entnahmetechnik. - Meßstrategie und Qualitätskriterien. - Planung, Ausführung und Betreuung von Analysenmeßanlagen. - Übersicht über verschiedene Analysenverfahren (Auswahlschema). - Sachverzeichnis.

Im Band 2 ist das Gebiet der Physikalischen Analytik zusammengefaßt worden. Besonders aktuelle Gebiete, wie Prozeßchromatographie und Spurenmeßverfahren nehmen einen breiteren Umfang ein. Die Ausrichtung auf die Belange des Betriebes wurde beibehalten, d.h. Laboratoriumsverfahren nur soweit behandelt, als sie für die Betriebsanalyse von Bedeutung sein können.

Band 3
Meßwertverarbeitung zur Prozeßführung I
(Analoge und binäre Verfahren)

1981. 451 Abbildungen in 515 Teilbildern. XII, 500 Seiten
Gebunden DM 210,-
Subskriptionspreis
Gebunden DM 168,-
ISBN 3-540-10092-X

Inhaltsübersicht: Allgemeines über Regelung und Steuerung. - Die Regeleinrichtung. - Stellglieder. - Die Regelstrecke. - Der Regelkreis. - Mehrgrößenregelung. - Regelung von Anlagen. - Steuerungen. - Sachverzeichnis.

Im Band 3 wird die „klassische" Regelungs- und Steuerungstechnik eingehend behandelt. Gegenüber der zweiten Auflage wurde die Regelung von Anlagen, bzw. Verfahren, an Hand von mehreren typischen Beispielen erweitert dargestellt. Hierbei tritt der Erfahrungsschatz des Anwenders besonders hervor. Der Steuerungstechnik ist entsprechend ihrer gewachsenen Bedeutung ein eigenes Kapitel gewidmet.

Band 4
Meßwertverarbeitung zur Prozeßführung II
(Digitale Verfahren)
1983. ISBN 3-540-11668-0
In Vorbereitung

Band 5
Projektieren und Betreiben von Meß-, Steuer- und Regelsystemen
In Vorbereitung

Springer-Verlag
Berlin
Heidelberg
New York